分布式机器学习模式

唐源(Yuan Tang)　著

梁　豪　译

U0387648

清华大学出版社

北　京

Yuan Tang

Distributed Machine Learning Patterns

EISBN: 9781617299025

Original English language edition published by Manning Publications, USA ©
2024 by Manning Publications Co. Simplified Chinese-language edition copyright
© 2024 by Tsinghua University Press Limited. All rights reserved.

图书在版编目（CIP）数据

分布式机器学习模式 / 唐源著；梁豪译. -- 北京：
清华大学出版社, 2024. 9. -- ISBN 978-7-302-67226-5

Ⅰ. TP181

中国国家版本馆 CIP 数据核字第 2024PT0866 号

责任编辑：王　军
装帧设计：孔祥峰
责任校对：马遥遥
责任印制：杨　艳

出版发行：清华大学出版社
　　　　　网　　　址：https://www.tup.com.cn, https://www.wqxuetang.com
　　　　　地　　　址：北京清华大学学研大厦 A 座　　　邮　　编：100084
　　　　　社 总 机：010-83470000　　　　　　　　　邮　　购：010-62786544
　　　　　投稿与读者服务：010-62776969，c-service@tup.tsinghua.edu.cn
　　　　　质 量 反 馈：010-62772015，zhiliang@tup.tsinghua.edu.cn
印 装 者：三河市龙大印装有限公司
经　　销：全国新华书店
开　　本：148mm×210mm　　　印　　张：7.25　　字　　数：261 千字
版　　次：2024 年 10 月第 1 版　　印　　次：2024 年 10 月第 1 次印刷
定　　价：69.80 元

产品编号：097434-01

作者简介

唐源是 Akuity 的创始工程师,致力于为开发者构建企业级平台。他曾带领阿里巴巴和 Uptake 公司的数据科学与工程团队,专注于构建 AI 基础设施和 AutoML 平台。他是 Argo 和 Kubeflow 项目的负责人、TensorFlow 和 XGBoost 的维护者以及众多开源项目的作者。此外,他还撰写了三本有关机器学习的书籍以及多篇有影响力的论文。他经常在不同的技术会议上发言,并在多个公司和开源组织担任技术顾问、团队领导和导师。

译者简介

　　梁豪，腾讯高级工程师，专注于云原生、大规模 AI 基础设施和机器学习平台建设等领域。另外，他也是 CNCF Ambassador，Kubernetes、Kubeflow 等开源项目的活跃贡献者。

致谢

首先，我要感谢我的妻子 Wenxuan。你一直支持我，耐心听我倾诉在完成本书过程中遇到的困惑，让我相信自己能完成这个项目，并在我写作期间帮助照顾孩子。我要感谢我的三个可爱的孩子，每当我遇到困难时，他们总会让我心情愉悦，我爱你们。

接下来，我要感谢我的前策划编辑 Patrick Barb，感谢你多年来给予我的耐心和指导。我还要感谢 Michael Stephens，你在我怀疑自己能力的时候，为本书主题指明了方向并帮助我渡过了难关。感谢 Karen Miller 和 Malena Selic，你们的帮助使本书顺利进入出版阶段。你们对本书质量的承诺让每个读者都受益匪浅。

此外，我要感谢 Manning 公司中与我一起制作和推广这本书的所有其他人员。本书是团队合作努力的结果。

我还要感谢我的技术编辑 Gerald Kuch，他拥有三十多年的行业经验，曾在多家大公司、初创公司和研究实验室工作。Gerald 的知识和教学经验涵盖了数据结构和算法、函数式编程、并发编程、分布式系统、大数据、数据工程和数据科学等领域，在撰写本书手稿时他为我提供了宝贵的资源。

最后，我要感谢我的审稿人，他们在手稿撰写的各个阶段花时间阅读并提供了宝贵的反馈意见。感谢 Al Krinker、Aldo Salzberg、Alexey Vyskubov、Amaresh Rajasekharan、Bojan Tunguz、Cass Petrus、Christopher Kottmyer、Chunxu Tang、David Yakobovitch、Deepika Fernandez、Helder C. R. Oliveira、Hongliang Liu、James Lamb、Jiri Pik、Joel Holmes、Joseph Wang、Keith Kim、Lawrence Nderu、Levi McClenny、Mary Anne Thygesen、Matt Welke、Matthew Sarmiento、Michael Aydinbas、Michael Kareev、Mikael Dautrey、Mingjie Tang、Oleksandr Lapshyn、Pablo Roccatagliata、Pierluigi Riti、Prithvi Maddi、Richard Vaughan、Simon Verhoeven、Sruti Shivakumar、Sumit Pal、Vidhya Vinay、Vladimir Pasman 和 Wei Yan，你们的建议帮助我改进了这本书。

序言

近年来，机器学习取得了巨大进步，但大规模机器学习仍然面临挑战。 以模型训练为例，由于 TensorFlow、PyTorch 和 XGBoost 等机器学习框架具有多样性，从而使得在分布式 Kubernetes 集群上自动化训练机器学习模型的过程并不简单。

不同的模型需要使用不同的分布式训练策略，例如，利用参数服务器或者考虑了网络结构的集合通信策略。在实际的机器学习系统中，还必须详尽地设计许多其他重要组件，例如数据摄取、模型服务和工作流编排，以使系统具有可扩展性、高效性和可移植性。缺乏 DevOps 经验的机器学习研究人员无法轻松启动和管理分布式训练任务。

目前已经有很多关于机器学习或分布式系统的书籍问世。但还没有一本书能够同时涵盖二者，并弥合它们之间的差距。因此，本书将介绍分布式环境中大规模机器学习系统采用的模式和最佳实践。

此外，本书还包括一个实践项目，通过构建一个端到端的分布式机器学习系统，将书中介绍的许多模式应用于实际场景。为了实现这个系统，我们将采用一些最先进的技术，包括 Kubernetes、Kubeflow、TensorFlow 和 Argo。 当我们以云原生方式从头开始构建分布式机器学习系统时，这些技术备受欢迎，因为它们能够提供可扩展性和可移植性。

我已在这个领域工作了多年，包括维护本书中使用的一些开源工具，并领导团队提供可扩展的机器学习基础设施。在我的日常工作中，无论是从头开始设计系统还是改进现有系统，我总是会考虑这些模式并权衡其利弊。我希望这本书对你也有所帮助！

关于本书

《分布式机器学习模式》是一本关于在云端分布式 Kubernetes 集群中运行机器学习系统的实用模式的书籍。其中每个模式都旨在帮助解决构建分布式机器学习系统时遇到的常见难题，包括支持分布式模型训练、处理意外故障和动态模型服务流量。通过真实场景的示例，本书清晰地展示了如何应用每个模式，以及每种方法的利弊权衡。一旦掌握了这些前沿技术，你就能将其应用于实践，并最终构建一个全面的分布式机器学习系统。

本书读者对象

本书适合熟悉机器学习算法基础和在生产环境中运行机器学习系统的数据分析师、数据科学家和软件工程师阅读。读者应该具备基本的 Bash、Python 和 Docker 知识。

本书的组织方式：路线图

本书内容分为三个部分，共 9 章。

第 I 部分介绍有关分布式机器学习系统的背景和概念。我们将讨论随着机器学习应用程序规模的不断增长，分布式系统所呈现出的复杂性，并介绍一些常见的分布式系统和分布式机器学习系统中采用的模式。

第 II 部分介绍机器学习系统各个组件所面临的一些挑战，并讲解行业中广泛采用的一些既定模式，以应对这些挑战：

第 2 章介绍数据摄取模式，包括批处理、分片和缓存，以便高效处理大型数据集。

第 3 章包括分布式模型训练中常见的三种模式，其中涉及参数服务器、集合通信、弹性与容错。

第 4 章演示副本服务、分片服务和事件驱动处理在模型服务中的实用性。

第 5 章描述几种工作流模式，包括扇入和扇出模式、同步和异步模式以及步骤记忆化模式，这些模式常用于创建复杂的分布式机器学习工作流。

第 6 章以调度和元数据模式结束了这一部分，这些模式对于运维非常有用。

第Ⅲ部分深入探讨一个端到端的机器学习系统，以应用我们之前学到的知识。在这个机器学习系统项目中，读者将获得实现之前学到的许多模式的实践经验：

第 7 章介绍项目背景和系统组件。

第 8 章涵盖我们将在项目中使用的技术的基础知识。

第 9 章通过实现一个完整的端到端机器学习系统来结束本书。

一般来说，如果读者已经知道什么是分布式机器学习系统，就可以直接跳过第 I 部分。第 II 部分中的每章都可以独立阅读，因为每章描述分布式机器学习系统的视角不同。

第 7 章和第 8 章是我们在第 9 章中构建项目的先决条件。如果读者已经熟悉第 8 章介绍的技术，可以直接跳过这一章。

关于代码的下载

你可以从本书的 liveBook(在线)版本获取可执行代码片段：https://livebook.manning.com/book/distributed-machine-learning-patterns。书中示例的完整代码可以从 GitHub 代码仓库 https://github.com/terrytangyuan/distributed-ml-patterns 下载，也可通过扫描本书封底的二维码下载。

关于封面插图

　　本书封面上的人物是"Homme Corfiote"，即"来自科孚岛的男人"，摘自 Jacques Grasset de Saint-Sauveur 于 1797 年出版的图文集。其中的每幅插图均由手工精心绘制和着色。

　　在那时，人们可以通过各自的服饰轻松辨认出彼此居住的地方及其职业或社会地位。Manning 公司以几个世纪前地域文化的丰富多样性为基础来设计本书封面，以此颂扬计算机行业所呈现的创造力和主动性。

目录

第 I 部分　基本概念和背景

第 II 部分　分布式机器学习系统模式

第 I 部分

基本概念和背景

本部分将介绍一些与分布式机器学习系统相关的背景和概念。首先我们将讨论不断增长的机器学习应用规模(考虑到用户需要更快地响应以满足实际需求)、机器学习流水线和模型架构。然后我们将讨论什么是分布式系统,描述其复杂性,并介绍分布式系统中经常使用的一种具体示例模式。

此外,我们还将讨论什么是分布式机器学习系统,研究在这些系统中常用的类似模式,并聊一聊其实际的应用场景。最后,我们将对本书介绍的内容进行概述。

第**1**章
了解开发环境

本章内容
- 通过大规模机器学习应用程序处理不断增长的数据规模
- 建立模式以构建可靠和可扩展的分布式系统
- 在分布式系统中使用模式并构建可重用的模式

如今，机器学习系统变得越来越重要。推荐系统可以根据用户反馈和交互来学习如何在适当的上下文中生成用户有可能感兴趣的推荐，异常事件检测系统帮助监控资产以防止极端条件导致出现停机，欺诈检测系统则保护金融机构免受安全攻击和恶意欺诈行为的影响。

人们对构建大规模分布式机器学习系统的需求日益增加。如果数据分析师、数据科学家或软件工程师拥有使用 Python 构建机器学习模型的基础知识和实践经验，并且希望进一步学习如何构建更健壮、可靠和可扩展的分布式机器学习系统，那么这是一本适合阅读的书。虽然在生产环境中构建分布式系统的经验不是必需的，但我希望有这样背景的读者至少对生产环境中运行的机器学习应用程序有一定的了解，并且至少有一年的 Python 和 Bash 脚本编写经验。

能够处理大规模问题，并将笔记本电脑上开发的内容迁移到大型分布式集群中，是令人兴奋的。本书介绍了各种模式的最佳实践，可帮助你加快机器学习模型的开发和部署，然后使用不同的工具实现自动化，并从硬件加速中获益。读完本书后，你将能够选择并应用正确的模式来构建和部署分布式机器学习系统；在机器学习工作流中适当使用 TensorFlow(https://www.tensorflow.org)、Kubernetes (https://kubernetes.io)、Kubeflow(https://www.kubeflow.org)和 Argo Workflows 等常用工具；在 Kubernetes 中获得管理和自动化机器学习任务的实践经验。第 9 章的综合实践项目介绍了如何构建真实的分布式机器学习系统，该系统使用了本书第 II 部分所介绍的许多模式。此外，某些后续章节的末尾还附有补充练习，总结了我们所学的知识。

1.1　大规模机器学习

机器学习应用程序的规模已经变得空前庞大。用户要求更快的响应以满足现实需求，机器学习流水线和模型架构变得越来越复杂。在本节中，我们将更详细地讨论机器学习应用程序不断扩大的规模，以及可以采取哪些措施来应对这些挑战。

1.1.1　不断扩大的规模

随着机器学习需求的增长，构建机器学习系统的复杂性也在增加。机器学习研究人员和数据分析师不再满足于在笔记本电脑中数千兆字节的 Microsoft Excel 工作表上构建简单的机器学习模型。由于需求和复杂性的不断增长，机器学习系统必须具备处理不断扩大的规模的能力，包括不断增加的历史数据量、频繁的批量数据传入、复杂的机器学习架构、大量的模型服务流量，以及复杂的端到端机器学习流水线。

让我们考虑两种情况。首先，假设你有一个小型机器学习模型，它已在小型数据集(小于 1 GB)上进行了训练。这种方法可能对你手头的分析很实用，因为你的笔记本电脑具有足够多的计算资源。但当你意识到数据集会每小时增长 1 GB 时，原始模型在现实生活中就不再有用和具有可预测性。假设你想要构建一个时间序列模型，该模型预测火车的某个部件在未来一小时内是否会失效，以防止故障和停机。在这种情况下，我们必须建立一个机器学习模型，该模型利用从原始数据和每小时到达的最新数据中获得的信息来生成更准确的预测。遗憾的是，你的笔记本电脑的计算资源十分有限，不足以使用整个数据集来训练新模型。

其次，假设你已经成功训练了一个模型并开发了一个简单的 Web 应用程序，该应用程序使用训练好的模型根据用户的输入进行预测。Web 应用程序最初可能运行良好，生成了准确的预测，并且用户对结果非常满意。这位用户的朋友听说这个应用程序的体验不错，也决定尝试一下，于是他们在同一个房间中打开了网站。具有讽刺意味的是，当他们试图查看预测结果时，开始出现更长时间的延迟。出现延迟的原因是，随着应用程序越来越受欢迎，用于运行 Web 应用程序的单个服务器无法处理越来越多的用户请求。这是许多机器学习应用程序从测试版发展到热门应用程序时都会遇到的常见挑战。这些应用程序需要构建在可扩展的机器学习系统模式上，以处理不断增长的吞吐量。

1.1.2　解决方案

当数据集太大而无法存储在单台机器中时，如 1.1.1 节中的第一个场景所示，我们应该如何存储大数据集呢？也许我们可以将数据集的不同部分存储在不同的机器上，然后通过在不同机器上依次读取数据集的各个部分来训练机器学习模型。

如果有一个如图 1-1 所示的 30 GB 的数据集，我们可以将其分为三个 10 GB 的数据分区，每个分区位于具有足够磁盘存储空间的单独机器上。然后，我们可以依次使用这些分区，而不需要同时使用整个数据集来训练机器学习模型。

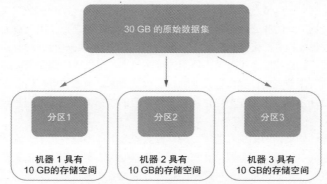

图 1-1　在具有足够磁盘空间的三台独立机器上将大型数据集分为三个分区的示例

如果依次访问数据集的这几个分区耗时非常长，会发生什么情况呢？假设当前数据集已分为三个分区。如图 1-2 所示，首先，我们在第一台机器上初始化模型，然后使用第一个数据分区中的所有数据对其进行训练。接下来，我们将训练好的模型上传到第二台机器上，该机器使用第二个数据分区继续进行训练。如果每个分区的数据量都很大并且训练非常耗时，我们将花费大量时间等待。

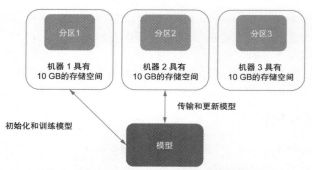

图 1-2　在每个数据分区上按顺序依次训练模型的示例

在这种情况下，我们可以考虑增加工作节点(worker)。每个工作节点负责使用一个数据分区，所有工作节点并行训练同一模型，不需要等待其他节点完成训练。这种方法有利于加快模型训练的过程。但是，如果一些工作节点已经结束使用它们所负责的数据分区，并希望同时更新模型，应该怎么做呢？我们应该先使用哪个工作节点的结果(梯度)来更新模型呢？接下来，我们必须权衡性能和模型质量之间的冲突。在图 1-2 中，如果第一个工作节点使用的数据分区由于数据收集过程更严格而质量更高，那么首先使用其结果来更新模型将更准确。另一方面，如果第二个工作节点所用的分区较小，可以更快地完成训练，则可以使用该工作节点的计算资源来训练新的数据分区。当添加更多的工作节点时(如图 1-2 所示的三个工作节点)，不同工作节点的数据训练完成时间差异所产生的冲突会变得更加明显。

同样，如果使用训练好的模型进行预测的应用程序观测到了大流量，我们是否可以简单地添加服务器，让每个新服务器处理一定比例的流量呢？遗憾的是，答案并非如此简单。这种简单的解决方案需要考虑其他因素，例如，如何决定采用最佳的负载均衡器策略？如何处理不同服务器中的重复请求？

我们将在本书的第 II 部分了解处理此类问题的更多信息。目前，我们已经了解了处理某些情况所采用的模式和最佳实践，我们将学习如何使用这些模式来充分利用有限的计算资源。

1.2　分布式系统

单台机器或笔记本电脑无法满足使用大量数据训练大型机器学习模型的要

求。我们需要编写可以在多台机器上运行并可供全球用户访问的程序。在本节中，我们将讨论什么是分布式系统，以及分布式系统中常用的一种具体示例模式。

1.2.1　分布式系统基本概念

如今，计算机程序已经从只能在一台机器上运行演变为可在多台机器上同时运行。人们对计算能力日益增长的需求以及对更高的效率、可靠性和可扩展性的追求，推动了由通过共享网络进行通信的成百上千台计算机组成的大规模数据中心的发展，从而促成了分布式系统的发展。分布式系统是一种组件分布在不同联网计算机上的系统，组件间可以相互通信以协调工作负载，并通过消息传递协同工作。

图 1-3 展示了一个由两台机器通过消息传递相互通信的小型分布式系统。其中一台机器包含两个 CPU，另一台机器包含三个 CPU。显然，机器除了包含 CPU 之外还包含其他计算资源；在这里我们仅使用 CPU 进行说明。在现实的分布式系统中，机器的数量可能非常庞大——达到数万台，这取决于具体使用场景。拥有更多计算资源的机器可以处理更大的工作负载并与其他机器共享计算结果。

图 1-3　一个由两台具有不同计算资源量的机器组成的小型分布式系统示例，
这两台机器通过消息传递相互通信

1.2.2　复杂性和模式

这些分布式系统可以运行在多台机器上，并可供全球用户访问。它们通常很复杂，需要精心设计才能更加可靠和可扩展。糟糕的架构设计可能会导致一些问题(通常是大规模问题)并造成不必要的成本耗费。

分布式系统中有许多优秀的模式和可复用的组件。例如，批处理系统中的工作队列模式确保了每一项工作都是相互独立的，并且可以在一定时间内不受任何干扰即可运行。此外，可以通过增减工作节点的数量来确保工作负载能够得到妥善处理。

　　图 1-4 描述了七个待处理的工作项，每个工作项都可能是需要系统在处理队列中转换为灰度的图像。现有的三个工作节点中，每个工作节点都从处理队列中获取两到三个待处理的工作项，确保没有工作节点处于空闲状态，以避免浪费计算资源，并通过同时处理多个图像来最大化性能。这种处理方式是可行的，因为每个工作项都是相互独立的。

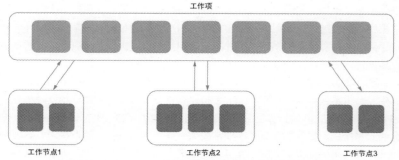

图1-4　使用工作队列模式将图像转换为灰度的批处理系统示例

1.3　分布式机器学习系统

　　分布式系统不仅适用于一般计算任务，也适用于机器学习应用程序。想象一下，我们可以在分布式系统中使用多台具有大量计算资源的机器来摄取大型数据集的部分数据，并使用不同的数据分区来存储大模型，等等。分布式系统可以大大加快机器学习应用程序的运行速度，同时兼顾可扩展性和可靠性。在本节中，我们将介绍分布式机器学习系统，描述这些系统中经常使用的一些模式，并讨论一些现实生活场景。

1.3.1　分布式机器学习系统基本概念

　　分布式机器学习系统是由一系列步骤和组件组成的分布式系统，这些步骤和组件对应于机器学习应用程序中的不同阶段，例如，数据摄取、模型训练和模型服务。它使用与分布式系统类似的模式和最佳实践，以及专门为机器学习应用程序设计的模式。通过精心设计，分布式机器学习系统在处理大规模问题

(如大数据集、大模型、大模型服务流量以及复杂的模型选择或架构优化)时具有更高的可扩展性和可靠性。

1.3.2 类似的模式

为了满足在实际应用中部署机器学习系统日益增长的需求和规模，我们需要仔细设计分布式机器学习流水线中的组件。设计大规模分布式机器学习系统并非易事，但使用良好的模式和最佳实践能够加快模型的开发和部署，使用不同的工具实现自动化，并从硬件加速中受益。

分布式机器学习系统也有类似的模式。例如，可以使用多个工作节点异步训练模型，每个工作节点负责使用数据集的部分数据分区。这种方法类似于分布式系统中使用的工作队列模式，可以显著加快模型训练过程。图 1-5 说明了如何通过用数据分区替换工作项来将此模式应用于分布式机器学习系统。每个工作节点从数据库中存储的原始数据中获取部分数据分区，然后使用它们来进行模型训练。

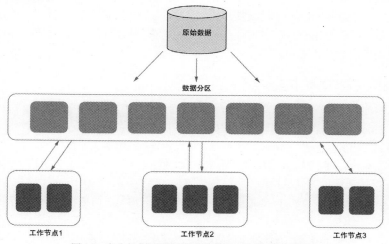

图1-5　在分布式机器学习系统中应用工作队列模式的示例

机器学习系统中常用的另一种示例模式(不常用于普通分布式系统)是用于分布式模型训练的参数服务器模式。如图 1-6 所示，参数服务器负责存储和更新所训练模型的特定部分。每个工作节点负责获取待处理数据集的特定部分，然后更新模型参数的特定部分。当模型太大而无法装入单个服务器时，这种模式非常适用，它还可以使用专用参数服务器来存储模型分区，而无需分配不必要的计算资源。

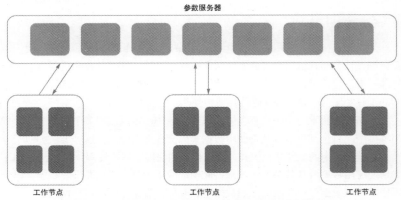

图1-6　在分布式机器学习系统中应用参数服务器模式的示例

本书的第Ⅱ部分阐释了此类模式。目前，分布式机器学习系统中的一些模式也出现在通用分布式系统中，包括专门为处理大规模机器学习工作负载而设计的模式。

1.3.3　分布式机器学习系统的应用场景

如图1-1和1-2所示，如果因为数据集太大，以至于我们的本地笔记本电脑无法将其装入，可以使用数据分区等模式或引入额外的工作节点来加速模型训练。当出现以下任一情况时，就应该考虑设计分布式机器学习系统：

- 模型非常大，由数百万个参数组成，单台机器无法存储，必须分区存储在不同的机器上。
- 机器学习应用程序需要处理不断增加的大流量，而单个服务器无法再支撑。
- 目前的任务涉及模型生命周期的许多阶段，如数据摄取、模型服务、数据/模型版本控制和性能监控。
- 我们希望使用较多的计算资源来进行加速，例如，数十台服务器，每台服务器都有许多 GPU。

如果出现以上提到的任一情况，通常表明在不久的将来，我们需要使用一个设计良好的分布式机器学习系统。

1.3.4　不适合使用分布式机器学习系统的场景

尽管分布式机器学习系统在许多场景中都很有帮助，但它通常设计难度大，需要设计人员具有丰富经验才能高效运营。开发和维护这样一个复杂的系统涉及额外的开销和利弊权衡。如果你遇到以下任何情况，请继续使用已经行之有效的简单方法：

- 数据集较小，例如，小于 10 GB 的 CSV(Comma-Separated Values，一种特殊的文件类型，可在 Excel 中创建或编辑)文件。
- 模型简单，不需要复杂的计算，如线性回归。
- 计算资源有限，但足以完成任务。

1.4　本书涵盖的内容

在本书中，我们将学习选择和应用正确的模式来构建和部署分布式机器学习系统，以获得管理和自动化机器学习任务的实践经验。

我们将使用几种流行的框架和尖端技术来构建分布式机器学习工作流的组件，包括以下内容：

- TensorFlow (https://www.tensorflow.org)
- Kubernetes (https://kubernetes.io)
- Kubeflow (https://www.kubeflow.org)
- Docker (https://www.docker.com)
- Argo Workflows (https://argoproj.github.io/workflows/)

本书最后一部分是一个综合的实践项目，包括设计一个端到端的分布式机器学习流水线系统。图 1-7 是我们将要构建的系统的架构图。我们将通过实现后续章节中介绍的各种模式来获得实践经验。处理大规模问题，并将我们在个人笔记本电脑上开发的系统应用于大型分布式集群，是令人兴奋的。

我们将使用 TensorFlow 和 Python 为各种任务构建机器学习和深度学习模型，例如基于现实数据集构建特征、训练预测模型以及进行实时预测。我们还将使用 Kubeflow 在 Kubernetes 集群中运行分布式机器学习任务。此外，我们将使用 Argo Workflows 构建一个机器学习流水线，其中包含分布式机器学习系统的许多重要组件。第 2 章介绍了这些技术的基础知识，我们将在本书的第 II 部分获得这些技术的实践经验。表 1-1 显示了本书将涵盖的关键技术和用途。

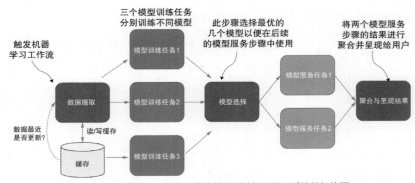

图1-7　在本书最后一部分中构建的端到端机器学习系统的架构图

表1-1　本书涵盖的技术及其用途

技术	用途
TensorFlow	构建机器学习和深度学习模型
Kubernetes	管理分布式环境和资源
Kubeflow	在 Kubernetes 集群上轻松提交和管理分布式训练作业
Argo Workflows	定义、编排和管理工作流
Docker	构建和管理用于启动容器环境的镜像

在深入了解第 2 章的详细内容之前，建议读者具备使用 Python 构建机器学习模型的基础知识和实践经验。虽然在生产环境中构建分布式系统的经验不是必需的，但还是希望读者至少接触过在生产环境中运行的机器学习应用程序，并且至少具备一年的 Python 和 Bash 脚本编写经验。此外，读者还需要了解 Docker 的基础知识，并能够使用 Docker 命令行界面来管理镜像和容器。熟悉基本的 YAML 语法会有所帮助，但不是必需的；语法很直观，很容易掌握。如果以上提到的这些内容大多数对你来说都是陌生的，我建议你在进一步阅读之前先从其他资料中学习更多相关内容。

1.5　本章小结

- 在现实应用中部署的机器学习系统通常需要处理不断增长的较大数据集规模和较多的模型服务流量。

- 设计大规模分布式机器学习系统并非易事。
- 分布式机器学习系统通常是由许多组件组成的流水线系统，如数据摄取、模型训练、服务和监控。
- 使用良好的模式来设计机器学习系统的组件可以加快机器学习模型的开发和部署，支持使用不同的工具实现自动化，并从硬件加速中受益。

第 II 部分

分布式机器学习系统模式

现在你已经了解了分布式机器学习系统的基本概念和背景知识，相信你已经准备好进一步探索了。接下来，我们将探讨机器学习系统各个组件所涉及的一些挑战，并介绍一些在行业中广泛采用的模式来应对这些挑战。

第 2 章介绍了三种模式：一是批处理模式，用于准备和处理进行模型训练的大型数据集；二是分片模式，用于将大数据集分割成多个小的数据分片，并将其分布在多台机器上；三是缓存模式，在访问数据集时直接复用之前摄取的数据，从而大大提高数据摄取的速度。

第 3 章探讨了分布式模型训练过程中遇到的挑战。我们将介绍训练大型机器学习模型所面临的挑战，这些模型负责标记新上传的 YouTube 视频的主题，但无法在单台机器上运行。本章还介绍了如何克服在使用参数服务器(Parameter Server)模式过程中遇到的困难。此外，还将了解如何使用集合通信(Collective Communication)模式来加速小模型的分布式训练，避免参数服务器和工作节点之间产生不必要的通信开销。在本章的最后，讨论了如何解决分布式机器学习系统中因数据集损坏、网络不稳定和工作节点抢占等异常情况导致的问题。

第 4 章重点介绍模型服务组件，该组件需要具有可扩展性和可靠性，以处理不断增长的用户请求量和单个请求数据量的大小。我们将权衡设计决策，以构建分布式模型服务系统，并使用副本服务来处理不断增长的模型服务请求。我们还将学习如何评估模型服务系统，并探讨事件驱动的设计是否有助于解决实际问题。

　　第 5 章介绍了如何构建一个能够执行复杂机器学习工作流的系统，以此来训练多个机器学习模型，然后使用扇入和扇出模式选择性能最佳的模型，最后在模型服务系统中提供良好的实体标记结果。我们还将结合同步和异步模式，使工作流更加高效，这避免了长时间运行的模型训练步骤阻碍其他连续步骤，从而导致整个工作流延迟。

　　第 6 章是本部分的最后一章，涵盖了一些可以大大加速端到端工作流的方法和模式，以减少工程师和数据科学团队之间协作时产生的维护和沟通成本。我们将介绍几种调度技术，这些技术可以让团队在计算资源有限的同一集群中工作时，不会遇到资源匮乏和死锁问题。我们还将讨论元数据模式的好处，我们可以利用它深入理解机器学习工作流中的各个步骤，然后更合理地处理故障，从而减少对用户的负面影响。

第**2**章
数据摄取模式

本章内容
- 了解数据摄取及其作用
- 通过批处理较小的数据集(批处理模式)来处理内存中的大型数据集
- 在多台机器上将大型数据集预处理为较小的数据块(分片模式)
- 在多轮训练中获取并重复访问相同的数据集(缓存模式)

第 1 章讨论了不断扩大的现代机器学习应用规模,例如,出现了更大的数据集和更多的模型服务流量,还讨论了构建分布式系统(特别是用于机器学习应用程序的分布式系统)面临的复杂性和挑战。我们了解到,分布式机器学习系统通常是由许多组件构成的流水线系统,例如,数据摄取、模型训练、模型服务和监控。此外,还有一些现有模式,可用于设计各个组件来处理现实中具有一定规模和复杂性的机器学习应用。

所有数据分析师和科学家都应该对数据摄取有一定程度的了解,无论是具有构建数据摄取组件的实践经验,还是简单地使用过工程团队或客户的数据集。设计一个好的数据摄取组件并不简单,首先需要了解用于构建模型数据集的特征。幸运的是,我们可以遵循既定的模式,在可靠且高效的基础上构建该模型。

本章探讨了在数据摄取过程中遇到的一些挑战,并介绍了一些行业中广泛采用的模式。在 2.3 节中,我们将了解到,当需要处理和准备用于模型训练的大型数据集时,如果我们使用的机器学习框架无法处理大型数据集或者要求我们具备与框架的基础实现领域相关的专业知识，我们将使用批处理模式。在 2.4 节中，我们将学习如何应用分片模式将大数据集分割成多个数据分片，让其分布在多台机器上；然后，我们添加多台机器对每个数据分片进行训练，从而加快训练过程。2.5 节介绍了缓存模式，当再次访问和处理之前使用过的数据集进行多轮训练时，该模式可以大大加快数据摄取的过程。

2.1　数据摄取的基本概念

假设想要在已有的数据集上构建一个机器学习系统，并从该系统中构建机器学习模型。我们首先应该考虑什么问题呢？直观的回答是：为了更好地理解数据集，我们应该首先考虑数据集从哪里来？数据是如何收集的？数据集的来源和大小是否随时间变化？处理这些数据集对基础设施的要求是什么？在开始构建分布式机器学习系统之前，我们还应该考虑可能影响数据集处理过程的各种因素。我们将在本章剩余部分的示例中探讨这些问题和考虑因素，并学习如何使用不同的模式来解决我们可能遇到的一些问题。

数据摄取是处理数据集的过程，它监控数据源，以非流式(一次性)或流式的方式读取数据，并对数据做预处理，以便进行后续的模型训练。简单来说，流式数据摄取通常需要长期运行程序来实时监控数据源的变化；而非流式数据摄取则通过离线批处理作业按需处理固定大小的数据集。此外，在流式数据摄取中，数据随时间的推移而增长，而在非流式数据摄取中，数据集的大小是固定的。表 2-1 总结了这些差异。

表 2-1　机器学习应用中流式和非流式数据摄取的比较

	流式数据摄取	非流式数据摄取
数据集大小	随时间增加	固定大小
基础设施要求	长期运行程序来监控数据源的变化	离线批处理作业按需处理数据集

本章的其余部分从非流式的角度关注数据摄取模式，但它们也可以应用于流式数据摄取。

数据摄取是机器学习流水线的第一步，也是不可避免的一步，如图 2-1 所示。没有正确摄取的数据集，机器学习流水线中的其余过程将无法继续。

图2-1　展示了机器学习流水线的流程图。值得注意的是，数据摄取位于流水线中的第一步

　　下一节将介绍 Fashion-MNIST 数据集，我将利用这个数据集来阐释本章剩余部分的其他相关模式。我将重点关注在分布式机器学习应用中构建数据摄取的模式，这与个人电脑或笔记本上进行的数据摄取有显著区别。在分布式机器学习应用中进行数据摄取通常更加复杂，需要经过周密的设计来有效管理快速扩展的大型数据集。

2.2　Fashion-MNIST 数据集

　　LeCun 等人创建的 MNIST 数据集(可通过访问 http://yann.lecun.com/exdb/mnist/ 获取)是用于图像分类的最广泛使用的数据集之一。它包含 60,000 张训练图像和 10,000 张测试图像，这些图像都是从手写数字图像中提取出来的；在机器学习研究社区中，它被广泛用作基准数据集，用于验证最新算法和机器学习模型的性能。图 2-2 显示了一些手写数字的示例图像，其中每行代表特定手写数字的图像。

图2-2　展示了手写数字 0 到9 的一些示例图像的截图，每行代表特定手写数字的图像
(来源：Josep Steffan，遵循 CC BY-SA 4.0 许可协议)

尽管 MNIST 数据集在研究社区中得到了广泛的采用，但研究人员发现该数据集不适合区分较强和较弱的模型。许多简单的模型如今可以轻松实现超过95%的良好分类准确率。因此，由于过于简单，MNIST 数据集不适合作为一个基准数据集使用。

> **注意**
>
> MNIST 数据集的创建者维护了一个列表，该列表记录了在该数据集上测试过的机器学习方法。在 1998 年发表的关于 MNIST 数据集的开创性论文《基于梯度学习的文档识别应用》(Gradient-Based Learning Applied to Document Recognition)(详见 http://yann.lecun.com/exdb/publis/index.html#lecun-98)中，LeCun 等人提到，他们使用的支持向量机模型得到了 0.8%的错误率。2017 年，一个名为 EMNIST 的数据集被发布，它与 MNIST 类似但进行了扩展。EMNIST 包含 240,000 张训练图像和 40,000 张测试图像，涵盖了手写数字和字母。

在本书中，我不会使用 MNIST 数据集作为示例，而是选择关注一个在数量上相似但相对更复杂的数据集：2017 年发布的 Fashion-MNIST 数据集(详见 https://github.com/zalandoresearch/fashion-mnist)。Fashion-MNIST 是由 Zalando 提供的服饰图像数据集，包含 60,000 张训练集图像和 10,000 张测试集图像。每张图像都是 28 像素×28 像素的黑白灰度图，与十个类别中的某个标签相对应。该数据集的设计初衷是作为原始 MNIST 数据集的替代品，用于机器学习算法的基准测试。它使用了相同的图像大小和结构来进行训练并测试数据的分割。

图 2-3 显示了 Fashion-MNIST 中所有十个类别(T 恤/上衣、裤子、套头衫、连衣裙、外套、凉鞋、衬衫、运动鞋、包和踝靴)的图像集合。每个类别的图像占据了三行。

图 2-4 详细介绍了训练集中的前几个示例图像及其相应的文本标签。接下来，将讨论案例研究的具体场景。

每三行图像代表一个类别。
例如，前三行代表的是T恤图像

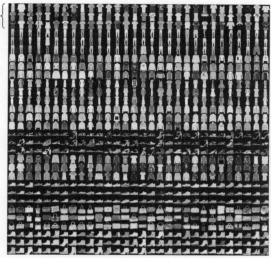

图 2-3　Fashion-MNIST 数据集中所有十个类别的图像集合：T 恤/上衣、裤子、套头衫、连衣裙、外套、凉鞋、衬衫、运动鞋、包和踝靴(图片来源：Zalando SE，遵循 MIT 许可协议)

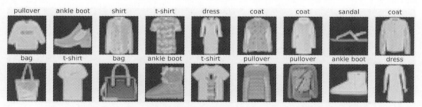

图 2-4　训练集中的前几张示例图像(来源：Zalando SE，遵循 MIT 许可协议)

假设我们已经下载了 Fashion-MNIST 数据集。这个压缩后的数据集在硬盘上只占用大约 30 MB 的空间。数据集不大，利用现有方法，一次性将下载的数据集加载到内存中是非常简单的事情。例如，如果使用像 TensorFlow 这样的机器学习框架，我们可以通过编写几行 Python 代码下载整个 Fashion-MNIST 数据集并将其加载到内存中，如代码清单 2-1 所示。

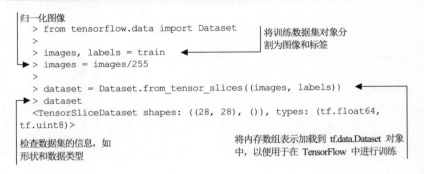

```
> import tensorflow as tf  ◄──┤加载 TensorFlow 库
>
> train, test = tf.keras.datasets.fashion_mnist.load_data()  ◄

32768/29515 [==================================] - 0s 0us/step
26427392/26421880 [==================================] - 0s 0us/step
8192/5148 [====================================] - 0s 0us/step
4423680/4422102 [==================================] - 0s 0us/step
```

下载 Fashion-MNIST 数据集，然后将其加载到内存中

如果数据集已经以某种形式存在于内存中(例如，以 NumPy(https://numpy.org) 数组的形式)，我们可以将数据集从内存数组表示转换为机器学习框架中的对象，如 tf.Tensor 对象，这些对象可以方便地用于后续的模型训练。代码清单 2-2 展示了一个例子。

代码清单 2-2 从内存中加载 Fashion-MNIST 数据集到 TensorFlow

归一化图像
```
> from tensorflow.data import Dataset
>
> images, labels = train  ◄
> images = images/255
>
> dataset = Dataset.from_tensor_slices((images, labels))  ◄
> dataset
<TensorSliceDataset shapes: ((28, 28), ()), types: (tf.float64,
tf.uint8)>
```

将训练数据集对象分割为图像和标签

检查数据集的信息，如形状和数据类型

将内存数组表示加载到 tf.data.Dataset 对象中，以便用于在 TensorFlow 中进行训练

2.3 批处理模式

现在我们了解了 Fashion-MNIST 数据集的基本情况，接下来看看在现实场景中可能遇到的潜在问题。

2.3.1 问题：在内存有限的情况下对 Fashion-MNIST 数据集执行耗费资源的操作

尽管像 Fashion-MNIST 这样的小型数据集，将它加载到内存中为模型训练

做准备是很容易的,但在实际的机器学习应用中,这个过程可能会面临一些挑战。例如,代码清单 2-1 将 Fashion-MNIST 加载到内存中,为在 TensorFlow 中进行模型训练做好准备;该段代码将特征和标签数组作为 `tf.constant()` 操作嵌入到我们的 TensorFlow 图中。这个过程对于小型数据集来说效果很好,但它浪费了内存,因为 NumPy 数组的内容会被多次复制,并且可能会遇到 TensorFlow 使用的 `tf.GraphDef` 协议缓冲区设置的 2 GB 限制。在实际应用中,数据集通常要大得多,尤其是在数据集随时间增长的分布式机器学习系统中。

图 2-5 显示了一个占用 1.5 GB 内存的 NumPy 数组,它将通过 `tf.constant()` 操作被复制两次。这个操作会导致出现内存溢出错误,因为总共 3 GB 的内存分配超出了 TensorFlow 使用的 `tf.GraphDef` 协议缓冲区设置的最大限制。

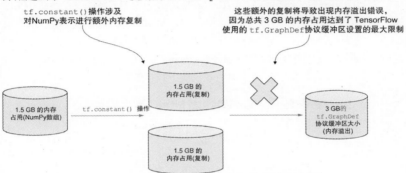

图 2-5 一个占用 1.5 GB 内存的 NumPy 数组表示的例子,
它在转换为 `tf.GraphDef` 协议缓冲区时遇到内存溢出错误

在不同的机器学习或数据加载框架中,这样的问题经常发生。用户可能没有以最佳方式来使用框架,或者框架本身无法处理大数据集。

此外,即使对于像 Fashion-MNIST 这样的小型数据集,我们也可能在将数据集输入模型之前执行额外的计算,这在需要进行额外转换和清洗的数据预处理任务中很常见。对于计算机视觉任务,图像通常需要调整大小、归一化或转换为灰度图,或者可能需要经过更复杂的数学运算,如卷积运算。这些操作可能需要分配一些额外的内存空间,但在我们将整个数据集加载到内存中后,可能就已经没有太多可用的计算资源了。

2.3.2　解决方案

考虑 2-2 节中提到的第一个问题，我们希望使用 TensorFlow 的 `from_tensor_slices()` API 将内存 NumPy 数组表示(源于 Fashion-MNIST 数据集)转换为 TensorFlow 程序可以使用的 `tf.Dataset` 对象。然而，由于 NumPy 数组的内容会被多次复制，我们可能会遇到 `tf.GraphDef` 协议缓冲区设置的 2 GB 限制。因此，我们无法加载超出此限制的大数据集。

对于诸如 TensorFlow 的框架，遇到这样的问题并不罕见。在这种情况下，解决方案很简单，因为我们没有很好地利用 TensorFlow。其他 API 允许我们加载大型数据集，而无需先将整个数据集加载到内存中。

例如，TensorFlow 的 I/O 库是 TensorFlow 并未内置支持的文件系统和文件格式的集合。我们可以通过 URL 地址加载 MNIST 数据集，然后直接通过 `tfio.IODataset.from_mnist()` API 调用来获取数据集文件，如以下代码清单 2-3 所示。这种能力得益于 TensorFlow (https://github.com/tensorflow/io)I/O 库为 HTTP 文件系统提供的内在支持，用户不需要下载并在本地目录中保存数据集。

代码 2-3　使用 TensorFlow I/O 加载 MNIST 数据集

加载 TensorFlow
I/O 库

从 URL 加载 MNIST 数据集来
直接访问数据集文件，无需通过
HTTP 文件系统下载

```
> import tensorflow_io as tfio
>
> d_train = tfio.IODataset.from_mnist(
    'http:/ yann.lecun.com/exdb/mnist/train-images-idx3-ubyte.gz',
    'http:/ yann.lecun.com/exdb/mnist/train-labels-idx1-ubyte.gz')
```

对于可能存储在分布式文件系统或数据库中的较大数据集，通过调用一些 API 可以在不需要一次性下载全部内容的情况下加载它们，这可能会导致出现内存或磁盘相关的问题。为了演示，这里不涉及太多细节，以下代码清单 2-4 显示了如何从 PostgreSQL 数据库(https://www.postgresql.org)加载数据集。(需要设置自己的 PostgreSQL 数据库并配置运行此示例所需的环境变量。)

代码 2-4　从 PostgreSQL 数据库加载数据集

加载 Python 内置的 OS 库，用于加载
与 PostgreSQL 数据库相关的环境变量

加载 TensorFlow I/O 库

构造用于访问
PostgreSQL
数据库的端点

```
> import os
> import tensorflow_io as tfio
>
> endpoint="postgresql://{}:{}@{}?port={}&dbname={}".format(
    os.environ['TFIO_DEMO_DATABASE_USER'],
```

```
        os.environ['TFIO_DEMO_DATABASE_PASS'],
        os.environ['TFIO_DEMO_DATABASE_HOST'],
        os.environ['TFIO_DEMO_DATABASE_PORT'],
        os.environ['TFIO_DEMO_DATABASE_NAME'],
)
>
> dataset = tfio.experimental.IODataset.from_sql(
        query="SELECT co, pt08s1 FROM AirQualityUCI;",
        endpoint=endpoint)
> print(dataset.element_spec)
{
    'co': TensorSpec(shape=(), dtype=tf.float32, name=None),
    'pt08s1': TensorSpec(shape=(), dtype=tf.int32, name=None)
}
```

从数据库的 AirQualityUCI 表中选择两列并实例化 tf.data.Dataset 对象

检查数据集的规格,例如每列的形状和数据类型

　　回到我们的场景中。在这种情况下,假设 TensorFlow 没有提供像 Tensor Flow I/O 这样可以处理大型数据集的 API,并且我们没有太多的空闲内存,无法直接将整个 Fashion-MNIST 数据集一次性加载到内存中。假设我们希望对数据集执行的数学运算可以在整个数据集的子集上执行,那么可以将数据集划分为更小的子集,称为 mini-batch(小批量),加载 mini-batch 的样本图像,对每个训练批次执行大量复杂的数学运算,并且在每次模型训练迭代中只使用一个 mini-batch 的图像。

　　如果第一个 mini-batch 由图 2-4 中的 18 个示例图像组成,我们可以先对这些图像执行卷积或其他复杂的数学运算,然后将转换后的图像发送到机器学习模型进行模型训练。我们对剩余的小批量重复相同的过程,继续进行模型训练。

　　由于我们已将数据集划分为许多小的子集或小批量,因此在执行复杂数学运算以实现准确分类模型时,可以避免出现潜在的内存溢出问题。然后可以通过减小数据子集的大小来处理更大的数据集。这种方法称为批处理。在数据摄取过程中,批处理涉及将整个数据集中的数据划分为多个 batch(批量),这些 batch 将依次用于训练模型。

　　如果我们有一个包含 100 条记录的数据集,则可以从 100 条记录中取出 50 条形成一个 batch,然后使用这个 batch 来训练模型。我们重复这个分批和模型训练过程来处理剩余的记录。也就是说,我们总共生成了两个 batch;每个 batch 包含 50 条记录,我们正在训练的模型依次使用这些 batch。图 2-6 展示了将原始数据集分成两个 batch 的过程。第一个 batch 在时刻 t_0 被用于模型训练,第二个 batch 在时刻 t_1 被使用。因此,我们不必一次性将整个数据集加载到内存中,而是按顺序逐批使用该数据集。

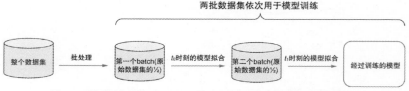

图 2-6 数据集被分为两个 batch。第一个 batch 在时刻 t_0 用于训练模型，
第二个 batch 在时刻 t_1 被使用

这种批处理模式可以用以下伪代码概括，我们不断尝试从数据集中读取下一个 batch，并使用这些 batch 来训练模型，直到没有剩余的 batch 为止。

代码 2-5　批处理的伪代码

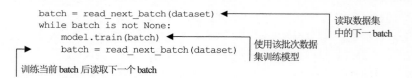

```
batch = read_next_batch(dataset)        读取数据集
while batch is not None:                 中的下一 batch
    model.train(batch)                   使用该批次数据
    batch = read_next_batch(dataset)     集训练模型
训练当前 batch 后读取下一个 batch
```

当我们想要预处理用于模型训练的大型数据集时，可以使用批处理模式。当使用的框架只能处理内存数据集时，可以依次处理整个数据集的每个 batch，以确保每个 batch 都可以在有限的内存中得到处理。此外，数据集被分成多个 batch 后，我们可以依次对每个 batch 进行计算，而无需耗费大量的计算资源。我们将在 9.1.2 节中应用此模式。

2.3.3　讨论

执行批处理时还需要考虑其他因素。只有当模型训练算法可以流式地在整个数据集的子集上完成时，这种方法才可行。如果训练算法需要依赖整个数据集，例如，需要获取整个数据集上指定特征的总和，批处理方法将不再可行，因为我们无法通过单个数据子集获取这些信息。

此外，机器学习研究人员和从业者经常在 Fashion-MNIST 数据集上尝试使用不同的机器学习模型，以获得性能更好、更准确的模型。例如，如果算法希望每个分类至少有 10 个样本来初始化某些模型参数，则批处理就不是一种合适的方法。因为它无法保证每个 mini-batch 在每个分类中至少包含 10 个样本，尤其是当 batch 的数据量较小时。在极端情况下，即使 batch 的大小为 10，我们也很难在所有 batch 中遇到每个分类至少包含一张图像的情况。

另外，模型的 batch size(批量大小)，尤其是深度学习模型的批量大小，在很大程度上取决于资源的分配，这使得在共享资源环境中提前确定批量大小非常困难。此外，机器学习作业能够高效使用的资源分配不仅取决于正在训练的模型结构，还取决于批量大小。资源和批量大小之间的这种相互依赖关系共同构建了复杂的决策因素，机器学习从业者必须考虑这些因素来配置训练任务，以实现任务的高效执行和资源的充分使用。

幸运的是，我们可以使用一些算法和框架来自动调整批量大小。例如，AdaptDL (https://github.com/petuum/adaptdl)提供了批量大小自动缩放功能，无需手动调整批量大小即可实现高效的分布式训练。它在训练过程中测量系统性能和梯度噪声规模，并自适应地选择最高效的批量大小。图 2-7 比较了自动和手动调整批量大小对 ResNet18 (https://arxiv.org/abs/1512.03385)模型整体训练时间的影响。

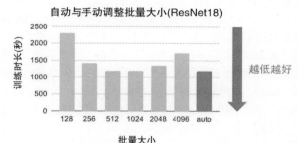

图 2-7　比较了自动和手动调整批量大小对 ResNet18 模型整体训练时间的影响
(图片来源：Petuum，遵循 Apache License 2.0 许可协议)

批处理模式提供了一种提取整个数据集子集的方法，以便我们可以依次对每个 batch 进行模型训练。对于可能无法在一台机器中存储的超大数据集，我们需要使用其他手段。下一节将介绍一种新模式以应对这些挑战。

2.3.4　练习

1. 我们应该并行还是顺序地读取 batch 来训练模型？

2. 如果使用的机器学习框架不能处理大型数据集，还可以使用批处理模式吗？

3. 如果机器学习模型需要知道整个数据集某个特征的平均值，还可以使用批处理模式吗？

2.4　分片模式：在多台机器之间分割极大的数据集

2.3 节介绍了 Fashion-MNIST 数据集，其压缩版本仅占用 30 MB 的磁盘空间。尽管很容易就能将整个数据集一次性加载到内存中，但如果要加载更大的数据集进行模型训练就变得很困难。2.3 节中介绍的批处理模式通过将整个数据集中的数据记录分成多个 batch 后，再依次进行模型训练来解决该问题。当我们想要处理和准备大型数据集以将其用于模型训练时，无论是因为使用的框架无法处理大型数据集，还是因为处理大型数据集需要深入理解框架的底层实现而产生过高的学习成本，我们都可以使用批处理模式。

假设我们有一个更大的数据集，该数据集大约比 Fashion-MNIST 数据集还要大 1,000 倍。换句话说，它压缩后需要占用 30 MB×1,000 = 30 GB 的磁盘空间，解压后大约为 50 GB。这个新数据集有 60,000×1,000 = 60,000,000 个训练样本。

我们将尝试使用这个更大的数据集来训练模型，对扩展的 Fashion-MNIST 数据集中的图像进行分类(如 T 恤、包包等)。先不讨论机器学习模型的详细架构(见第 3 章)，而是重点关注其数据摄取组件。假设我们可以使用三台机器来加速数据摄取。

由于数据集非常庞大，根据经验，我们可以首先尝试用批处理模式将整个数据集分成足够小的 batch，以便将其加载到内存中进行模型训练。假设我们的笔记本电脑有足够多的磁盘空间，能够存储 50 GB 解压后的完整数据集。我们将数据集分为 10 个 batch(每个 5 GB)。通过使用这种批处理方法，只要我们的笔记本电脑能够存储并将整个数据集分成多个 batch，它也就具有了处理这种大型数据集的能力。

接下来，开始使用这些 batch 进行模型训练。在 2.3 节中，我们依次训练了模型。换句话说，在使用下一个 batch 的数据前，机器学习模型要确保已经处理完了上一个 batch 的数据。在图 2-8 中，第一个 batch 的数据在时刻 t_0 被模型完全使用后，第二个 batch 的数据才在时刻 t_1 被模型开始使用。t_0 和 t_1 代表这个过程中两个连续的时间点。

2.4.1　问题

遗憾的是，模型按顺序使用数据的过程可能会很慢。对于我们正在训练的特定模型，每使用 5GB 的 batch 数据大约需要花费 1 小时，那么完成整个数据集的模型训练将需要花费 10 小时。也就是说，如果我们有足够的时间按顺序、逐批次地用数据进行模型训练，批处理方法就是可行的。但在实际应用中，我们总是希望能更高效地训练模型，这将受到摄取每个 batch 数据所花费的时间的影响。

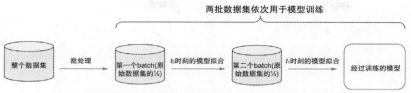

图 2-8　数据集被分为两个 batch。第一个 batch 的数据在时刻 t_0 被使用，
第二个 batch 的数据在时刻 t_1 被使用

2.4.2　解决方案

　　既然我们已经了解了仅使用批处理模式按序训练模型的速度很慢，那么可以做些什么来加快数据的摄取，从而大大地提高模型训练速度呢？这里的主要问题是我们需要按顺序、逐个 batch 地训练模型。我们能否同时将多个 batch 的数据提供给模型使用呢？图 2-9 显示数据集被分为两个 batch，其中每个 batch 都同时用于训练模型。这种方法目前还不可行，因为我们无法同时将整个数据集(两个 batch 的数据)保存在内存中，但它已经非常接近我们所期望的解决方案了。

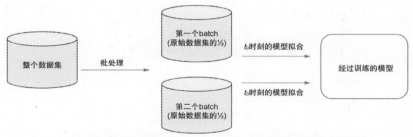

图 2-9　数据集被分为两个 batch；每个 batch 同时用于模型训练

　　假设我们有多台机器，每台机器上都存放了相同的机器学习模型副本。每个模型副本可以使用一个 batch 的数据；因此，每台机器都可以独立地使用多个 batch 的数据。图 2-10 展示了多个工作节点的架构图；每个工作节点独立地使用各自 batch 的数据来训练模型副本。

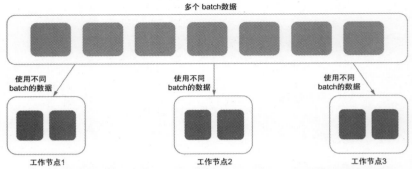

图 2-10 多个工作节点的架构图。每个工作节点独立使用各自 batch 的数据来训练模型副本

　　你可能会好奇，如果多个模型副本独立使用不同的 batch 来训练各自的模型副本，我们将如何从这些模型副本中获得最终的模型。请放心，我将在第 3 章中介绍模型训练的工作原理。现在，假设我们有一个允许多个工作节点独立使用多批数据集的模式。这个模式将大大加快模型训练速度。

注意
　　我们将在第 3 章中使用一种集合通信模式(collection communication pattern)来训练位于多个工作节点上的模型副本。例如，集合通信模式将负责在工作节点之间传递梯度计算的结果，更新它并保持模型副本之间的同步。

　　我们将如何生成供这些工作节点使用的 batch 呢？在我们的场景中，数据集有 6 000 万个训练样本，并且有三个工作节点可用。将数据集分割成多个互不重叠的数据子集，然后将每个子集分发到三个工作节点上，如图 2-11 所示。将大型数据集分解为分布在多台机器上的较小数据块的过程称为分片，这些较小的数据块称为数据分片。图 2-11 显示了原始数据集被分片为多个互不重叠的数据分片，然后被多个工作节点所使用。

注意
　　虽然这里介绍的是分片的概念，但这个概念并不新鲜。它经常被用于分布式数据库。分片对于解决分布式数据库中遇到的各种挑战非常有用，例如它可以提高数据库的可用性、吞吐量并减少查询响应时间。

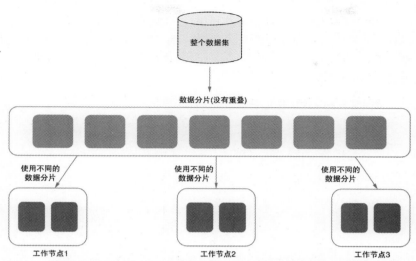

图 2-11　原始数据集被分片为多个互不重叠的数据分片，然后被多个工作节点所使用的架构图

　　分片本质上是一种水平的数据分区方式，每个分区包含了整个数据集的部分数据，因此分片也称为水平分区。水平分区和垂直分区之间的区别来自数据库的传统表格视图。数据库可以被垂直分区(将同一表中不同列的数据存储在不同的数据库中)或水平分区(将同一表中不同行的数据存储在多个数据库中)。图 2-12 比较了垂直分区和水平分区。注意，对于垂直分区，我们将数据库按列分割。有些列可能是空的，这就是为什么我们在图右侧的分区中只看到五行中的三行数据。

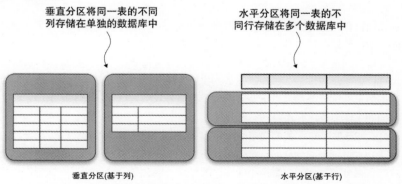

图 2-12　垂直分区与水平分区(来源：YugabyteDB，遵循 Apache License 2.0 许可协议)

这种分片模式可以用代码清单 2-6 中的伪代码来概括。首先，我们在一个工作节点(标号为rank 0)中创建数据分片，然后将其发送到所有其他的工作节点。接下来，在每个节点上，我们不断尝试在本地读取下一个分片用于模型训练，直到所有分片都读取完毕。

代码清单 2-6 分片伪代码

```
if get_worker_rank() == 0:
    create_and_send_shards(dataset)
shard = read_next_shard_locally()
while shard is not None:
    model.train(shard)
    shard = read_next_shard_locally()
```

从 rank 0 节点创建分片并将其发送到所有其他节点

读取该节点中本地可用的下一个分片

使用我们刚刚从本地节点读取的分片来训练模型

一旦完成当前分片的训练，就读取下一个分片

借助分片模式，我们可以将超大的数据集分割成多个数据分片，这些数据分片可以分布在多个工作节点上，然后每个节点负责独立地使用各个数据分片。这样就避免了由于使用批处理模式而导致按序训练模型的速度缓慢。有时候，将大数据集分成不同大小的数据分片也非常实用，这样每个工作节点可以灵活地根据自身可用的计算资源来运行不同的计算任务，并选择使用不同大小的数据分片。我们将在 9.1.2 节中应用这种模式。

2.4.3 讨论

我们已经成功地使用分片模式将一个超大型的数据集分割成多个数据分片，这些数据分片分布在多个工作节点上，然后通过添加额外的工作节点来加速训练过程，这些节点负责独立地对每个数据分片进行模型训练。有了这种方法，我们可以在超大型的数据集上训练机器学习模型。

现在问题来了：随着数据集不断增长，并且需要将新产生的数据传递给模型进行训练，应该怎么做呢？在数据集已经更新的情况下，我们不得不定期对数据集重新进行分片，以重新平衡每个数据分片中数据量的大小，确保它们在不同的工作节点之间相对均匀地分配。

在 2.3.2 节中，我们简单地将数据集划分为两个数据不重叠的数据分片，但实际上这种手动分片的方法效果并不理想。手动分片最大的问题之一就是分片的数据分布不均匀。数据不成比例的分布可能会导致分片变得不均匀，一些分片所包含的数据过多，而另一些则相对较少。这种不均匀可能会导致多个节点的模型训练过程意外挂起，我们将在下一章进一步讨论这个问题。

在图 2-13 所示的示例中，原始数据集被分割成多个不均匀的数据分片，然后被多个工作节点使用。最好避免在一个单独的分片中包含过多的数据，这可能会导致训练速度变慢甚至节点宕机。当一个数据集的分片数量太少时，也可能会出现这个问题。这种方法在开发和测试环境中是可以接受的，但并不推荐在生产环境中使用。

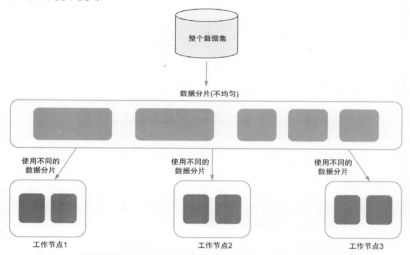

图 2-13　原始数据集被分割成多个不均匀的数据分片，然后被多个工作节点使用

此外，每次当数据集更新时，使用手动分片的方式，操作起来并不简单。我们需要为多个工作节点的数据做备份，并且要小心地进行数据迁移和模型调整，以确保所有分片都具有相同的模式副本。为了解决这个问题，我们可以基于算法自动进行分片。哈希分片，如图 2-14 所示，用于获取数据分片的键值并生成哈希值。然后使用生成的哈希值来确定数据子集应该位于哪个节点。使用统一的哈希函数可以将数据均匀分布在不同的节点上，从而解决前面提到的问题。此外，键值相近的数据不太可能被放置在同一个分片中。

分片模式将一个超大型的数据集分割成多个数据分片，这些分片分布在多个工作节点上；然后每个节点独立地使用各自的数据分片。采用这种方法，避免了由于使用批处理模式而导致的按顺序训练模型时速度缓慢的问题。批处理和分片模式都非常适合用于模型训练；最终，整个数据集将被更新迭代。然而，一些机器学习算法需要对数据集进行多次扫描，这意味着我们可能会多次执行批处理和分片的步骤。下一节将介绍一种加速此过程的模式。

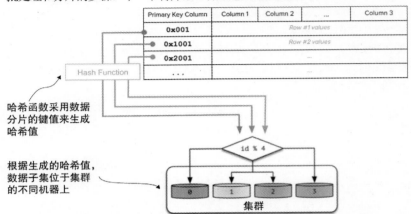

图 2-14　哈希分片示意图。生成哈希值以确定数据子集应位于哪个节点
(来源：YugabyteDB，遵循 Apache License 2.0 许可协议)

2.4.4　练习

1. 本节介绍的分片模式是采用水平分区方式还是垂直分区方式？
2. 模型从哪里读取每个数据分片？
3. 除了手动数据分片，是否还有其他方式对数据进行分片？

2.5　缓存模式

回顾一下到目前为止我们所学的模式。在 2.3 节中，当机器学习框架无法处理大型数据集时，我们使用批处理模式来预处理用于模型训练的大型数据集。使用批处理模式，我们可以处理大型数据集并在内存有限的情况下执行耗费计算资源的操作。在 2.4 节中，我们使用分片模式将大型数据集分割成多个数据分片并分布在多个工作节点上。随着更多的工作节点被添加，它们能够并行且独立地对每个数据分片进行模型训练，从而加快了训练速度。这两种模式都行之有效，使我们能够在单机无法存储大型数据集时或因数据集过大导致模型训练速度变慢时，依然能够高效地进行模型训练。

值得一提的是，现代机器学习算法(例如，基于树的算法和深度学习算法)通常需要进行多次迭代(epoch)训练。每一次迭代是对所训练数据集的完整遍历，即数据集中的每个样本都被遍历处理一次，也就是模型完成了一次对数据集所有样本的读取和处理。例如，使用 Fashion-MNIST 数据集完成了一次迭代，指的是模型已经处理了一次该数据集中的所有 60,000 个样本。图 2-15 展示了多次迭代的模型训练。

图 2-15　在 t_0、t_1 时刻的多次迭代模型训练图

训练这类机器学习算法通常需要优化大量相互依赖的参数。事实上，它可能需要大量标记训练样本才能使模型接近最优解。深度学习中的梯度下降(Gradient Descent)算法加剧了这个问题，该算法的优化需要使用大量的数据样本。

遗憾的是，这些算法所需的多维数据类型(例如 Fashion-MNIST 数据集中的数据)的标记成本很高，并且会占用大量存储空间。因此，尽管我们需要向模型提供大量数据，但可用样本的数量通常远小于通过算法优化达到期望效果所需的样本数量。这些训练样本中可能包含足够的信息，但梯度下降算法提取这些信息需要花费大量时间。

幸运的是，我们可以通过对数据进行多次遍历来解决样本数量有限带来的问题。通过多次迭代的方法减少单次迭代提取的样本数据量，从而减少算法提取样本数据信息所需的时间。换句话说，我们可以通过多次迭代训练数据集来得到一个"足够好"的模型。

2.5.1　问题：重新访问之前使用过的数据以进行高效的多轮模型训练

现在我们可以在训练数据集上进行多轮训练，假设我们想要用此方法在 Fashion-MNIST 数据集上进行模型训练。如图 2-16 所示，如果在整个训练数据集上迭代一次需要花费三个小时，那么如果我们想要做两轮迭代，模型训练所花费的时间将会翻倍。在实际的机器学习系统中，通常需要进行多次迭代，因此这种方法效率不高。

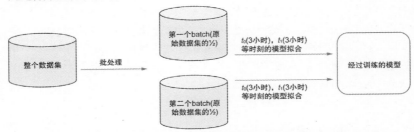

图2-16　在 t_0、t_1 等时刻的多轮模型训练示意图。我们在每轮迭代上花费了三个小时

2.5.2　解决方案

考虑到对模型进行多轮训练所需的时间较长，我们可以采取什么措施来加快这一过程？对于第一轮迭代，我们无法优化数据集的读取时间，因为这是模型第一次读取整个训练数据集。那么第二轮迭代呢？我们可以利用之前迭代中模型所使用的训练数据集吗？

假设用于训练模型的笔记本电脑具有足够多的计算资源(例如，内存和磁盘空间)。一旦机器学习模型使用了整个数据集中的每个样本，我们便可以暂停回收样本数据，而是将它们保留在内存中。也就是说，我们在内存中缓存了训练样本，这可以加快后续训练迭代中再次访问样本的速度。

在图 2-17 中，在完成第一轮迭代的模型拟合后，我们将这一轮迭代所使用的两个数据批次缓存到内存中。在第二轮迭代训练开始时，我们可以将缓存的内存数据直接提供给模型，而无需在未来的迭代中再次从数据源中读取数据。

这种缓存模式可以用以下伪代码概括。在第一轮迭代训练开始时，依次读取数据集中每个 batch 的数据，将其追加到初始化缓存中。对于剩余的轮次迭代，我们直接从缓存中读取数据，然后使用这些数据进行模型训练。

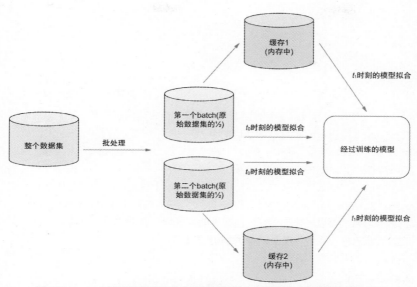

图 2-17　t_0、t_1 时刻使用缓存而并非从数据源读取训练数据的多轮模型训练示意图

代码清单 2-7　缓存的伪代码

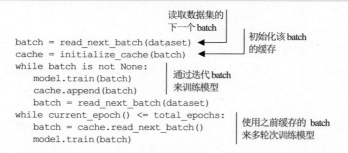

```
batch = read_next_batch(dataset)
cache = initialize_cache(batch)
while batch is not None:
    model.train(batch)
    cache.append(batch)
    batch = read_next_batch(dataset)
while current_epoch() <= total_epochs:
    batch = cache.read_next_batch()
    model.train(batch)
```

读取数据集的
下一个 batch

初始化该 batch
的缓存

通过迭代 batch
来训练模型

使用之前缓存的 batch
来多轮次训练模型

如果我们在原始数据集上执行了耗时的预处理步骤，则可以直接缓存预处理过的数据集，而不缓存原始数据集，这样避免了因需要多次预处理数据集而耗费大量时间。伪代码如代码清单 2-8 所示。

代码清单 2-8　缓存预处理数据的伪代码

```
batch = read_next_batch(dataset)
cache = initialize_cache(preprocess(batch))
while batch is not None:
```

使用预处理的 batch
初始化缓存

```
    batch = preprocess(batch)
    model.train(batch)
    cache.append(batch)
    batch = read_next_batch(dataset)
while current_epoch() <= total_epochs:
    processed_batch = cache.read_next_batch()
    model.train(processed_batch)
```

从缓存中检索已处理的 batch 并将其用于模型训练

代码清单 2-8 与 2-7 类似，但有两个细微差别：代码清单 2-8 用于初始化缓存的是预处理 batch 的数据，而代码清单 2-7 在初始化缓存时使用的是原始 batch 的数据；在代码清单 2-8 中，在每次模型训练前，我们直接从缓存中读取预处理过的数据，不需要再对数据进行预处理。

借助缓存模式，可以大大加快模型训练过程中重复访问数据集的速度，该过程涉及在多个迭代轮次对同一数据集进行训练。缓存还有助于快速恢复故障；机器学习系统可以轻松地重复访问缓存的数据集，并继续处理机器学习流水线中的其余流程。我们将在 9.1.1 节中应用此模式。

2.5.3　讨论

我们已经成功地使用缓存模式，将缓存存储在每个工作节点的内存中，这加快了在多个训练轮次中重复访问之前使用过的数据的过程。但如果工作节点出现了故障，该怎么办？例如，如果训练过程因内存溢出而异常终止，我们将丢失之前存储在内存中的所有缓存。

为了避免丢失缓存，与其将缓存存储在内存中，不如将缓存写入磁盘中，并在模型训练过程需要用到它时一直保持持久化。这样，我们可以使用磁盘上的训练数据缓存轻松恢复训练过程。第 3 章深入讨论了如何恢复模型训练过程或使模型训练有更强的容错能力。

将缓存存储在磁盘上是一个很好的解决方案。然而需要注意的是，顺序访问数据时，内存读取或写入的速度大约是磁盘的六倍。随机访问数据时，内存读取或写入的速度大约是磁盘的 10 万倍。随机访问内存(Random-Access Memory，RAM)的速度是纳秒级的，而硬盘的访问速度是毫秒级的。换句话说，由于访问速度的差异，我们需要权衡将缓存存储在内存中还是将其存储在磁盘上。图 2-18 提供了使用磁盘缓存数据进行模型训练的示意图。

一般来说，如果我们想要构建一个可靠性和容错能力更强的系统，那么将缓存存储在磁盘上是更好的选择；而当我们想要获得更高效的模型训练和数据摄取过程时，将缓存存储在内存中是更好的选择。当机器学习系统需要从远程数据库读取数据时，可以使用磁盘缓存。而当网络连接速度较慢或不稳定时，从内存缓存读取数据比从远程数据库读取数据要快得多。

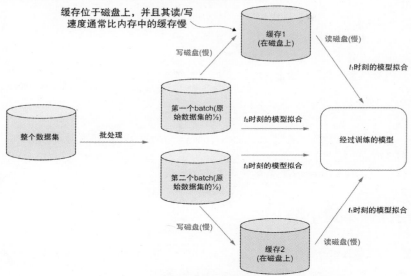

图 2-18　在 t_0、t_1 时刻使用磁盘缓存的多轮次模型训练示意图

　　如果数据集随着时间的推移而更新和累积，如 2.3.3 节所示，每个工作节点上的数据分片需要重新分配和平衡，该怎么办呢？在这种情况下，我们应该考虑缓存的有效期，并根据具体应用场景定期更新缓存。

2.5.4　练习

　　1. 在需要对同一数据集或对多个不同数据集进行多轮次训练的模型训练场景中，缓存一般用于哪种场景？

　　2. 如果数据集需要预处理，我们应该在缓存中存储什么数据？

　　3. 磁盘缓存的访问速度是否比内存缓存更快？

2.6　习题答案

2.3.4 节

1. 顺序地。

2. 是的，这是批处理的主要应用场景之一。

3. 不可以。

2.4.4 节

1. 水平分区。

2. 在每个工作节点上本地读取。

3. 自动分片，如哈希分片。

2.5.4 节

1. 基于同一数据集。

2. 我们应该将预处理过的 batch 存储在缓存中，以避免在后续训练轮次中耗费时间重复进行预处理。

3. 不是，通常内存缓存的访问速度更快。

2.7 本章小结

- 数据摄取通常是机器学习系统的起始阶段，它负责读取数据并对其执行必要的预处理步骤，为后续模型训练做准备。
- 批处理模式通过从数据集中划分多个小的 batch 来处理大型数据集。
- 分片模式将超大数据集划分为多个小数据块，并将其存储在不同节点上。
- 缓存模式通过缓存之前访问过的数据来加快多轮训练的数据读取速度，这些数据可以在同一数据集上多个轮次的模型训练中重复使用。

第3章
分布式训练模式

本章内容
- 区分传统模型训练和分布式模型训练
- 使用参数服务器(parameter server)构建无法在单台机器上运行的模型
- 使用集合通信模式(collective communication pattern)提升分布式模型训练性能
- 分布式模型训练过程中的故障处理

上一章介绍了一些实用的模式,这些模式可以融入数据摄取过程,该过程通常在分布式机器学习系统的起始阶段完成,负责监控传入的数据并执行必要的预处理步骤,为模型训练做准备。

数据摄取过程的下一个步骤是分布式训练,它是区分分布式机器学习系统和其他分布式系统的关键所在,也是分布式机器学习系统中最关键的部分。

系统设计需要具有可扩展性和可靠性,以处理不同规模和不同复杂程度的数据集和模型。一些大型且复杂的模型无法在单台机器上运行,而一些中等大小、足以在单台机器上运行的模型,其分布式训练的计算性能却难以提高。

当我们遇到性能瓶颈和意外故障时,知道该如何应对是非常关键的。部分数据集可能已经损坏或无法成功用于模型训练,或者分布式训练所依赖的分布式集群可能因天气条件、人为误操作等原因出现网络不稳定甚至断开的情况。

在本章中,我将探讨分布式训练过程中涉及的一些挑战,并介绍一些在行业中广泛采用的模式。3.2 节讨论了训练大型机器学习模型所面临的挑战,这些模型为 YouTube 新上传视频中的主题做样本标记,但模型无法在单台机器上运行，因此本节还展示了如何使用参数服务器模式来解决这个问题。3.3 节展示了如何使用集合通信模式来加速小型模型的分布式训练，从而避免了参数服务器和工作节点之间产生不必要的通信开销。最后一节讨论了由于数据集损坏、网络不稳定和工作节点抢占等原因导致一些分布式机器学习系统出现不稳定的问题，以及解决这些问题的方法。

3.1　分布式训练的基本概念

分布式训练是采用已经由数据摄取处理的数据(在第 2 章中讨论过)来初始化机器学习模型，然后在分布式环境(例如，多个节点)中使用处理后的数据训练模型的过程。这个过程很容易与传统机器学习模型训练过程相混淆，传统的模型训练过程发生在单节点环境中，其中数据集和机器学习模型对象位于同一台机器(例如，笔记本电脑)上。相比之下，分布式模型训练通常在一组可以同时工作的机器中进行，从而大大加快训练过程。

另外，在传统模型训练中，数据集通常位于单台机器的本地磁盘上，而在分布式模型训练中，则使用远程分布式数据库来存储数据集，或者将数据集分区存储在多台机器的磁盘上。如果模型不够小，无法运行在单台机器上，就不能用传统的单机方式对其进行训练。从网络基础设施的角度来看，分布式训练通常更倾向于使用 InfiniBand(https://wiki.archlinux.org/title/InfiniBand)或远程直接内存访问 (RDMA；https://www.geeksforgeeks.org/remote-direct-memory-access-rdma/)网络。表 3-1 提供了这些训练方法之间的对比。

表 3-1　传统(非分布式)机器学习模型训练与分布式模型训练的比较

	传统模型训练	分布式模型训练
计算资源	笔记本电脑或单台远程服务器	机器集群
数据集位置	单台笔记本电脑或机器上的本地磁盘	远程分布式数据库或多台机器磁盘上的分区
网络基础设施	本地主机	InfiniBand 或 RDMA
模型大小	足够小，能够在单台机器上运行	中大型

> **InfiniBand 和 RDMA**
>
> InfiniBand 是一种用于高性能计算的计算机网络通信标准。它具有高吞吐量和低延迟的特点，适用于计算机或存储系统之间及其内部的数据互连，这通常是分布式训练所必需的。
>
> RDMA(Remote Direct Memory Access，远程直接内存访问)提供从多台机器之间的内存中进行直接访问的能力，而无需任何一方操作系统的介入。该通信标准旨在支持高吞吐量、低延迟的网络通信，这有助于多机之间频繁通信的分布式训练过程。

3.2 参数服务器模式：800 万样本的实体标记

假设我们有一个名为 YouTube-8M(http://research.google.com/youtube8，如图 3-1 所示)的数据集，它包含数百万个 YouTube 视频 ID，并且带有来自 3,800 多个视觉实体类别(例如，Food、Car 和 Music)的机器生成的高质量标注。我们希望训练一个机器学习模型来标记它未见过的 YouTube 视频的主题。

图 3-1　托管 YouTube-8M 数据集的网站，其中包含来自 3,800 多个视觉实体类别的数百万个 YouTube 视频(来源：Sudheendra Vijayanarasimhan 等人，遵循 Nonexclusive License 1.0 许可协议)

这个数据集包含了粗粒度(coarse-grained)和细粒度(fine-grained)的实体类别。粗粒度实体类别是指非专业领域的人员在研究现有样本后可以识别的实体，而细粒度实体类别可以被专业领域的人员所识别，他们有区分极其相似实体的能力。这些实体类别已经由三位评估人员根据评估指南做出了判断并进行了手动验证，以确保它们在视觉上可被识别。每个实体类别最少有 200 个相应的视频样本，平均下来有 3 552 个训练样本。在评估人员验证评估视频实体类别时，他们根据每个实体类别的视觉可识别性，使用 1 到 5 的离散等级来量化评估，其中 1 级代表一个普通人可以轻易识别的实体类别(见图 3-2)。

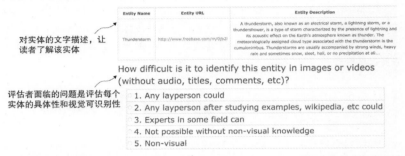

图 3-2　评估人员需要关注的问题和评估指南，以便评估人员验证 YouTube 视频中的实体类别，并评估每个实体类别的视觉可识别性(来源：Sudheendra Vijayanarasimhan 等人，遵循 Nonexclusive License 1.0 许可协议)

在 YouTube-8M 提供的在线数据集浏览页面中(http://research.google.com/youtube8m/explore.html)，实体类别列表显示在左侧，并且每个实体类别下的视频样本数量显示在实体类别名称旁边(见图 3-3)。

图 3-3　YouTube-8M 网站提供的在线数据集浏览页面，按视频数量对实体类别进行排序(来源：Sudheendra Vijayanarasimhan 等人，遵循 Nonexclusive License 1.0 许可协议)

在数据集浏览页面中，实体类别按它所包含的视频数量从多到少排序。在图 3-3 中，最受欢迎的三个实体类别分别是游戏(Game)、电子游戏(Video game)和交通工具(Vehicle)，训练样本数量从 415,890 到 788,288 个不等。最不受欢迎的实体(图中未显示)是圆柱体(Cylinder)和砂浆(Mortar)，分别有 123 个和 127 个训练视频样本。

3.2.1　问题

基于这个数据集，我们希望训练一个机器学习模型来标记新的 YouTube 视频的主题。对于一个简单的数据集和机器学习模型来说，这项任务可能非常简单，但对于 YouTube-8M 数据集来说，情况并非如此。该数据集附带了从数十亿视频帧和音频片段中预计算处理的视听特征，因此我们不必自己计算和获取这些特征——这通常需要花费很长时间并且需要大量的计算资源。

尽管在单个 GPU 上用不到一天的时间就可以在这个数据集上训练出一个强大的基线模型(baseline model)，但数据集的规模和多样性需要我们对视听模型做进一步深入探索，因此这可能需要花费数周的训练时间。那么是否有办法更高效地训练这个潜在的大模型呢？

3.2.2　解决方案

首先，让我们使用 YouTube-8M 网站上的数据浏览页面查看各个实体类别，看看这些实体之间是否存在某种关系。例如，这些实体类别之间是否不相关，或者它们在内容上是否有一定程度的相关性？经过一番探索后，我们将对模型进行必要的调整以考虑这些相关性带来的影响。

图 3-4 显示了属于 Pet 实体的 YouTube 视频列表。第一行第三个视频中，一个孩子正在和一只狗玩耍。

图 3-4　属于 Pet 实体类别的样本视频(来源：Sudheendra Vijayanarasimhan 等人，遵循 Nonexclusive License 1.0 许可协议)

让我们看一下类似的实体类别。图 3-5 显示了属于动物(Animal)实体类别的

YouTube 视频列表，视频中我们可以看到鱼、马和熊猫等动物。有趣的是，在第五行的第三个视频中，一只猫正在用吸尘器做清洁。人们可能会猜测该视频也属于 Pet 实体类别，因为如果猫被人类收养，它就成为了宠物。

这里，我们选择了 Animal
实体来查看动物视频列表

图 3-5　属于 Animal 实体类别的样本视频(来源：Sudheendra Vijayanarasimhan 等人，
遵循 Nonexclusive License 1.0 许可协议)

如果我们想基于这个数据集构建机器学习模型，在直接将模型拟合到数据集之前，可能需要执行一些额外的特征工程步骤。我们可以将这两个实体类别(Animal 和 Pet)的视听特征结合成一个派生特征(因为它们提供了相似的信息并且有一定的相关性)，以此来提高模型的性能。如果我们继续探索实体类别中现有视听特征的组合，或执行大量特征工程步骤，那么可能就无法在单个 GPU 上用不到一天的时间在该数据集上训练机器学习模型了。

如果我们使用的是深度学习模型，而不是需要大量特征工程步骤和数据集探索的传统机器学习模型，那么模型本身就会学习特征之间的潜在关系，例如，相似实体类别之间的视听特征。模型架构中的每层神经网络都由权重(weights)和偏差(biases)向量组成，它们共同代表了一个经过训练的神经网络层，随着模型从数据集中收集到更多信息，该神经网络层会在训练迭代中进行更新。

如果我们仅使用 3,862 个实体类别中的 10 个，则可以构建一个 LeNet 模型(见图 3-6)，将新的 YouTube 视频分类到 10 个选定的实体类别中的一个。总而言之，LeNet 模型由一个卷积编码器组成，包含两个卷积层(convolutional layers)，以及一个由三个全连接层(fully connected layers)组成的密集块(dense block)。为简单起见，我们假设视频中的每一帧都是 28 像素×28 像素的图像，它将被各种卷积层和池化层处理，这些层负责学习视听特征和实体类别之间的特征映射关系。

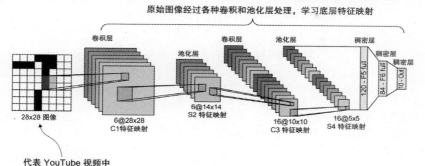

图 3-6 LeNet 模型架构，该模型可用于将新的 YouTube 视频分类到 10 个选定的实体类别中的一个。 （来源：Aston Zhang 等人，遵循 Creative Commons Attribution-ShareAlike 4.0 International Public License 许可协议）

LeNet 的历史

LeNet(https://en.wikipedia.org/wiki/LeNet)是最早发布的卷积神经网络(CNN; https://en.wikipedia.org/wiki/Convolutional_neural_network) 之一，因其在计算机视觉任务上具有卓越的性能表现而引起广泛关注。它是由 AT&T 贝尔实验室研究员 Yann LeCun 提出的，用于识别图像中的手写数字。经过数十年的研发，LeCun 于 1989 年发布了第一项通过反向传播成功训练 CNN 的研究成果。

当时，LeNet 取得了与支持向量机(SVM, Support Vector Machines，一种有监督机器学习算法中的主导方法)性能相匹配的出色结果。

事实上，那些学习到的特征映射包含了与模型相关的参数。这些参数是用作表示该模型层的权重和偏差的数值向量。对于每次训练迭代，模型将 YouTube 视频中的每一帧作为特征，计算损失函数，然后更新这些模型参数进一步优化模型，使得特征与实体类别之间的关系可以被更紧密地建模。

遗憾的是，这个训练过程的速度相对缓慢，因为它涉及更新模型不同层中的所有参数。目前有两种潜在的解决方案可以加快训练过程。

我们来看看第一种方法。先做一个假设，当后面讨论更好的方法时我们会忽略它。假设模型不是特别大，我们可以使用现有资源完整地存放整个模型，而不会遇到内存溢出或磁盘错误的问题。

在这种情况下，我们可以使用一台专用的服务器来存储所有 LeNet 模型参数，并使用多台机器来分担计算工作。图 3-7 显示了对应的架构图。

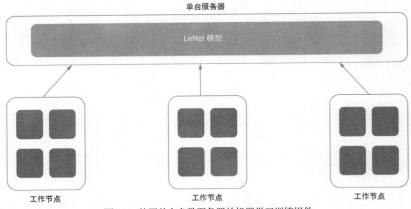

图 3-7 使用单台参数服务器的机器学习训练组件

每个工作节点使用一部分数据集来计算梯度，然后将结果发送到这台专用的服务器上以更新 LeNet 模型参数。由于工作节点使用独立的计算资源，因此它们可以异步执行繁重的计算任务，而无需相互通信。因此，如果忽略节点之间进行消息传递的开销，我们仅通过引入额外的工作节点，就可以实现三倍的加速。

这种负责存储和更新模型参数的专用单一服务器称为参数服务器 (Parameter Server)。通过引入参数服务器模式，我们设计了一个更高效的分布式机器学习训练系统。

接下来是现实的挑战。深度学习模型通常会变得越来越复杂，因为我们可以在基线模型之上添加额外的层和自定义结构。由于这些附加层中存在大量模型参数，同时这些复杂模型通常会占用大量的磁盘空间，并且训练需要使用大量计算资源来满足内存占用的要求。如果模型很大，我们无法将所有参数存放在单台参数服务器上，该如何解决呢？

第二种方法可以解决这个问题。我们可以引入多台参数服务器，然后将模型划分为多个分区，每台参数服务器负责存储和更新模型的一部分分区。每个工作节点负责处理一部分数据集，然后更新对应模型分区的参数。

图 3-8 展示了一个使用多台参数服务器的架构图。该图与图 3-7 的不同之处在于，图 3-7 中所示的单台服务器存储了所有 LeNet 模型参数，并使用多个工作节点分担计算工作。而在多参数服务器的架构中，每个工作节点获取数据集中的部分子集数据，执行每个神经网络层所需的计算，然后将计算出的梯度发送到其中一台参数服务器中，并更新它所存储的模型分区。由于所有工作节点都以异步方式进行计算，因此每个工作节点用于计算梯度的模型分区可能不是最新的。为了保证每个工作节点正在使用的模型分区或每台参数服务器存储的模型分区都是最新的，我们必须不断地在工作节点之间拉取和推送数据来更新模型。

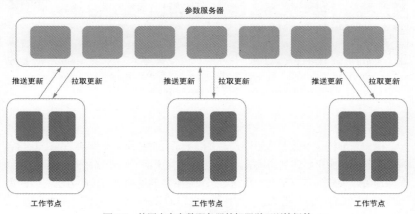

图 3-8　使用多台参数服务器的机器学习训练组件

借助参数服务器，我们可以有效地解决构建机器学习模型所面临的挑战，从而让模型能够标记新的 YouTube 视频主题。图 3-9 展示了未用于模型训练的新 YouTube 视频列表，它们被经过训练的机器学习模型标记为飞机(Aircraft)主题。即使因为模型太大而无法存储在一台机器上，我们也可以进行模型训练。值得注意的是，虽然参数服务器模式对这种情况很有帮助，但它是专门为训练参数众多的模型而设计的。

图 3.9 未用于模型训练的新 YouTube 视频列表，标有 Aircraft 主题(来源：Sudheendra Vijayanarasimhan 等人，遵循 Nonexclusive License 1.0 许可协议)

3.2.3 讨论

上一节介绍了参数服务器模式，并展示了如何使用它来解决 YouTube-8M 视频识别应用中可能遇到的挑战。尽管当模型太大而无法存储在一台机器上时，参数服务器模式非常有帮助，且它看起来是解决问题的最直接的方法，但在实际应用中，我们仍然需要考虑一些其他因素以使分布式训练系统更高效地运行。

机器学习研究人员和 DevOps 工程师需要努力找到参数服务器和工作节点数量之间的最佳比例，以适应不同的机器学习应用场景。从工作节点向参数服务器发送计算后的梯度数据的通信成本、拉取和推送更新最新模型分区的成本都非常高。如果我们发现模型变得越来越大且系统中添加了过多的参数服务器，系统最终将花费大量时间处理节点间的通信，而在神经网络层间进行计算所花费的时间会很少。

3.3 节将更详细地讨论这些问题。本节介绍了一种解决这些问题的模式，这样工程师就不再需要花时间为不同类型的模型调整工作节点和参数服务器的性能。

3.2.4 练习

1. 如果我们想在一台笔记本电脑上使用多个 CPU 或 GPU 进行模型训练，这个过程可以被认为是分布式训练吗？

2. 增加工作节点或参数服务器的数量会产生什么结果？

3. 我们应该为参数服务器分配哪些类型的计算资源(例如，CPU、GPU、内存或磁盘)？我们应该分配多少这些类型的资源？

3.3 集合通信模式

3.2.2 节介绍了参数服务器模式，当模型太大而无法存储在一台机器中时，该模式会派上用场，例如我们需要构建一个模型来标记 800 万个 YouTube 视频的实体类别。尽管我们可以使用参数服务器来处理具有大量参数的复杂模型，但将这种模式纳入高效分布式训练系统的设计中并不容易。

3.2.3 节指出，机器学习研究人员和 DevOps 工程师常常难以确定参数服务器与工作节点数量之间的最佳比例。假设我们的机器学习系统中有三台参数服务器和三个工作节点，如图 3-10 所示。这三个工作节点都异步地执行密集计算，然后将计算好的梯度发送到参数服务器以更新不同的模型分区。

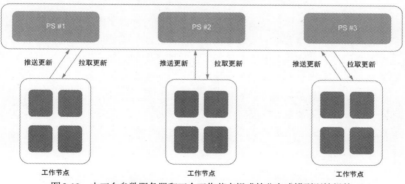

图 3-10　由三台参数服务器和三个工作节点组成的分布式模型训练组件

实际上，工作节点和参数服务器并不是一一对应的，特别是当工作节点的数量与参数服务器的数量不同时。换句话说，多个工作节点可以向一台参数服务器发送更新。现在假设两个工作节点同时完成了梯度计算，并且它们都想要更新存储在同一台参数服务器上的模型参数(如图 3-11 所示)。

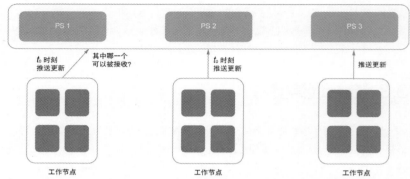

图 3-11　两个工作节点完成了梯度计算，并希望同时向第一台参数服务器推送更新

结果，这两个工作节点相互阻塞，都无法将梯度发送到参数服务器。也就是说，同一台参数服务器无法同时接受来自两个工作节点的梯度。

3.3.1　问题：当参数服务器成为瓶颈时提高性能

在这种情况下，只有当两个工作节点向同一台参数服务器发送梯度时才会相互阻塞，这让梯度数据的及时更新变得困难，我们需要使用一种策略来解决这种阻塞问题。现实情况下，在集成了参数服务器的分布式训练系统中，不可避免会有多个工作节点同时发送梯度，这引起的通信阻塞问题需要得到解决。

当工作节点与参数服务器的数量比例不理想时，例如，大量工作节点同时向同一台参数服务器发送梯度时，问题变得更加严重。最终，不同工作节点或参数服务器之间的通信阻塞成了瓶颈，我们有办法避免这个问题吗？

3.3.2　解决方案

在这种情况下，两个工作节点需要相互协商谁先执行下一个步骤，然后轮流将计算好的梯度发送到特定的参数服务器。此外，在一个工作节点完成向参数服务器发送梯度并更新模型参数后，参数服务器开始将更新后的模型分区发送回该工作节点。因此，工作节点拥有了最新的模型，可以在接收到新数据时进行微调。如果与此同时，另一个工作节点也向该参数服务器发送计算好的梯度，如图 3-12 所示，则又会发生新的通信阻塞，工作节点之间需要再次进行协商。

但想要完成这一次协商并不简单，因为尝试发送梯度的工作节点在计算梯度时可能没有使用最新的模型进行计算。当模型之间的差异很小时，这种情况还勉强能接受，但最终可能会导致所训练模型的统计性能出现巨大差异。

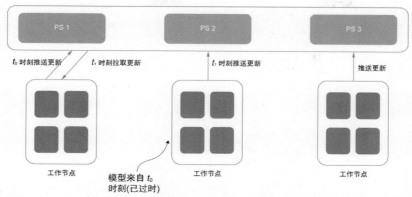

图 3-12　一个工作节点正在拉取更新的同时，另一个工作节点正在向同一台参数服务器推送更新

如果每台参数服务器存储的模型分区分布不均匀，例如，第一台参数服务器存储了 2/3 的模型参数，如图 3-13 所示，使用这种旧模型分区计算出的梯度将对最终训练的模型产生巨大影响。在这种情况下，我们希望让这个工作节点丢弃掉计算好的梯度，并让其他工作节点将新的梯度发送到参数服务器中。

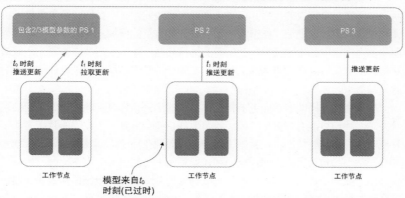

图 3-13　一个不平衡的模型分区示例，其中第一台参数服务器包含整个模型参数集的 2/3

现在又出现了另一个挑战。如果旧模型分区计算出的梯度是根据大部分训练数据计算出来的，并且可能需要很长时间才能使用最新的模型分区重新计算它们(如图 3-14 所示)时，该怎么办呢？在这种情况下，我们可能希望保留这些梯度，以免浪费太多时间重新计算它们。

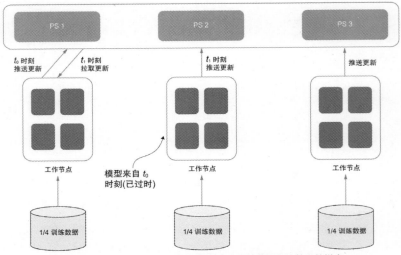

图 3-14　第二个工作节点试图更新从一半训练数据中计算出的梯度

现实情况是，在带有参数服务器的分布式机器学习系统中，我们可能会遇到许多无法完全解决的挑战和问题。当遇到这些问题时，我们必须考虑使用协调和权衡的方法。随着工作节点和参数服务器数量的增加，在工作节点和参数服务器之间拉取和推送模型参数所需的协调和通信成本变得非常重要。系统最终将花费大量时间在节点之间进行通信，而在神经网络层之间进行计算所用的时间却很少。

尽管在将不同的参数服务器与工作节点的比例和计算资源应用到我们的系统中时，我们可能有许多丰富的经验，但将系统调整到一个完美的状态会非常耗费时间。在某些情况下，某些工作节点或参数在训练期间发生故障，又或者如果网络不稳定，节点之间用推送和拉取更新进行通信时会出现问题。也就是说，由于我们缺乏专业知识或时间来处理底层分布式基础设施，参数服务器模式在某些场景下可能并不适用。

那么有没有解决这个问题的替代方案呢？参数服务器模式可能是大型模型为数不多的选择之一，但为了简化且方便演示，我们假设模型大小是固定的，并且整个模型足够小，可以存储在一台机器上。这也就意味着每台机器都有足够的磁盘空间来存储整个模型。

考虑到这一假设，如果我们想提高分布式训练的性能，那么参数服务器的替代方案是什么呢？假设没有参数服务器，只有工作节点，每个节点都存储了整套模型参数的副本集，如图 3-15 所示。

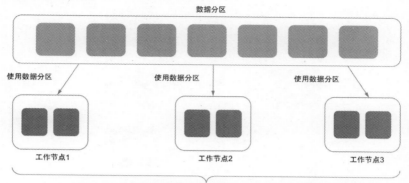

每个工作节点都包含完整的模型参数副本集，并使用数据分区来计算梯度

图 3-15　只包含工作节点的分布式模型训练组件，每个工作节点都存储整套模型参数的副本集，并使用数据分区来计算梯度

　　这种情况下我们应该如何进行模型训练呢？回想一下，每个工作节点都会使用一部分数据并计算梯度，这些梯度用于更新存储在该节点上的模型参数。当所有节点都完成梯度计算后，我们需要聚合所有梯度，并确保每个节点的整套模型参数都根据聚合后的梯度进行更新。这样每个节点都存储了一份与更新后的模型相同的副本。那么我们怎样聚合所有梯度呢？

　　我们已经熟悉将梯度从一个节点发送到另一个节点的过程，比如将工作节点计算出的梯度发送到参数服务器，以更新特定模型分区中的模型参数。一般来说，该过程没有其他进程参与，称为点对点通信(Point-to-Point Communication)(见图 3-16)。

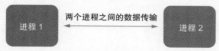

图 3-16　两个进程之间点对点通信传输数据的示例，这其中没有其他进程参与

　　在这种情况下，点对点通信的效率有些低下。只有工作节点参与，我们需要对所有工作节点的结果进行某种形式的聚合。幸运的是，我们可以使用另一种通信方式——集合通信(Collective Communication)。集合通信允许在一组进程间相互通信，该组进程由所有进程的子集组成。图 3-17 展示了一个进程与由其他三个进程组成的一组进程之间的集合通信。在这种情况下，每个工作节点都计算好梯度，并希望将它们发送到其余的工作节点中，使得所有工作节点都能获得每个工作节点的计算结果。

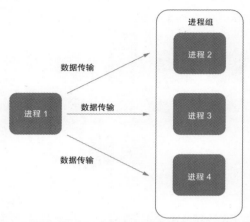

图3-17 一个进程与由其他三个进程所组成的进程组之间的集合通信示例

我们通常需要对工作节点所接收到的梯度执行某种聚合操作，然后将聚合结果发送给其他所有工作节点。这种聚合操作称为 reduce，它涉及将一组数字聚合成较小的数字集。其作用包括求出一组数字的总和、最大值、最小值或平均值。在我们的例子中，它的作用是接收来自所有工作节点的梯度。

图 3-18 展示了一个 reduce 操作，进程组中每个进程对应的向量 v_0、v_1 和 v_2 通过 reduce 操作与第一个进程合并。

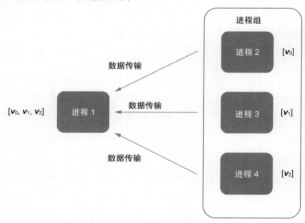

图3-18 *reduce* 函数的求和 reduce 操作示例

当使用分布式方式降低梯度时，我们将下降后的梯度发送给所有工作节点，以便它们能够同步并以相同的方式更新模型参数，从而确保其拥有完全相同的模型。这种广播操作称为 broadcast，常用于集合通信。图 3-19 展示了向进程组中的每个进程发送数据的 broadcast 操作。

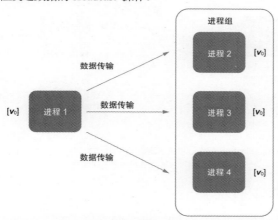

图 3-19　向进程组中的每个进程发送数据的 broadcast 操作示例

这里我们将 reduce 和 broadcast 操作的组合称为 allreduce，它根据指定的 *reduce* 函数对结果进行约简，然后将约简后的结果分发到所有进程中。在我们的例子中，结果被分发给所有工作节点，这样每个工作节点上存储的模型完全相同且是最新的(如图 3-20 所示)。当我们完成一轮 allreduce 操作后，继续下一轮操作：将新数据提供给更新后的模型，计算梯度，然后再次执行 allreduce 操作，收集来自工作节点的所有梯度以更新模型。

现在我们成功地使用了集合通信模式，该模式利用底层网络基础设施来执行 allreduce 操作，用于在多个工作节点之间传递梯度，使我们能够以分布式方式训练中等规模的机器学习模型。这样我们就不需要使用参数服务器了，也就不存在参数服务器和工作节点之间的通信开销。集合通信模式在机器学习系统和分布式并行计算系统中非常有用，它所具有的并发特性应用于并行计算，而 broadcast 和 reduce 等通信原语对于节点间的通信至关重要。我们将在 9.2.2 节中应用此模式。

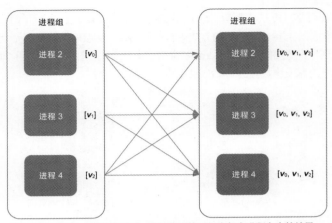

图 3-20 allreduce 操作的示例，该操作约简了组内每个进程产生的结果，
然后将结果发送到组内的每个进程中

3.3.3 讨论

当我们构建的模型规模不大时，集合通信模式是参数服务器的一个很好的替代方案。这样一来，参数服务器和工作节点之间就不存在通信开销，也就不再需要花费大量的精力来调整工作节点和参数服务器之间的比例。换句话说，我们可以轻松地通过增加工作节点的数量来加快模型训练过程，而不必担心性能衰减。

还有一个值得一提的潜在问题。在我们通过使用 allreduce 操作引入集合通信模式后，每个工作节点将需要与其他所有工作节点进行通信，如果工作节点数量过多，可能会拖慢整个训练过程。事实上，集合通信依赖于网络基础设施上的通信，而我们在 allreduce 操作中还没有充分利用到这方面的优势。

好消息是我们可以使用更好的集合通信算法来更高效地更新模型。例如，使用 *ring-allreduce* 算法。这个过程与 allreduce 操作类似，但数据是环形传输的，没有使用 reduce 操作。集群中有 N 个节点，其中每个工作节点仅需要与它相邻的两个节点通信 $2 * (N-1)$ 次，就能完成所有模型参数的更新。换句话说，该算法是带宽最优的；如果聚合的梯度足够大，它将能充分利用底层网络基础设施的优势。

参数服务器模式和集合通信模式都能够使分布式训练变得可扩展和高效。然而，在实践中，任何工作节点或参数服务器都可能因为资源不足而无法启动，或者在分布式训练过程中出现故障。3.4 节将介绍一些能够应对这些异常情况的模式，从而使得整个分布式训练过程更加可靠。

3.3.4　练习

1. 通信阻塞是否只发生在工作节点之间？
2. 工作节点更新各自模型参数的过程是异步的还是同步的？
3. 使用哪些集合通信操作的组合能够表示一个 allreduce 操作？

3.4　弹性与容错模式

参数服务器和集合通信模式使我们能够扩展分布式模型训练过程。参数服务器对于处理无法存储在单台机器上的大型模型非常有用；大型模型可以分区并存储在多台参数服务器上，而各个工作节点可以执行大量的计算并异步更新每个模型分区的参数。而当我们在使用参数服务器时如果发现通信开销过大，可以使用集合通信模式来加快中等规模模型的训练过程。

假设我们的分布式训练组件设计合理，能够高效地训练机器学习模型；并且能够使用参数服务器和集合通信等模式来满足不同类型模型的需求。值得一提的是，分布式模型训练是一项需要长期运行的任务，通常会持续数小时、数天甚至数周。与所有其他类型的软件和系统一样，由于模型训练是一个长期运行的过程，它随时可能被内部或外部的干预所影响。

以下是一些分布式模型训练系统中经常出现的被干预影响的示例：

- 部分数据集已损坏，无法用于正常的模型训练。
- 分布式训练模型所依赖的集群可能因为天气状况或人为错误而出现网络不稳定或断线的情况。
- 部分参数服务器或工作节点被抢占，它们所依赖的计算资源被重新分配给了具有更高优先级的任务和节点。

3.4.1　问题：使用有限的计算资源处理训练时的意外故障

当系统出现不符合预期的异常时，如果不采取措施加以解决，问题就会开始累积。在上一节的第一个示例中，所有工作节点都使用相同的逻辑来处理数据以拟合模型，当它们的训练代码无法处理损坏的数据时，任务失败。在第二个示例中，当网络变得不稳定时，参数服务器和工作节点之间的通信将被挂起，直到网络恢复。在第三个示例中，当参数服务器或工作节点被抢占时，整个训练过程被迫中断，从而导致出现不可恢复的故障。在这些情况下我们应该如何让分布式训练系统恢复呢？我们有办法预防这些意外故障吗？

3.4.2　解决方案

先看第一种情况。假设训练过程中遇到了一批损坏的数据。在图 3-21 中，YouTube-8M 数据集中的一些视频在从原始数据源下载后被第三方视频编辑软件意外修改。第一个工作节点尝试读取这些数据来提供给模型进行训练。此时发现，之前初始化的机器学习模型无法处理被编辑过的、不兼容的视频数据。

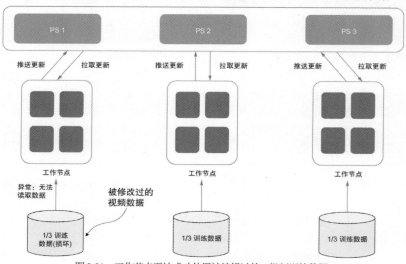

图 3-21　工作节点无法成功使用被编辑过的一批新训练数据

当这种情况发生时，训练过程会意外失败，因为现有代码不包含处理编辑过或损坏的数据集的逻辑。因此我们需要修改分布式模型训练逻辑来处理这种情况，然后从头开始重新训练模型。

现在让我们重新开始分布式训练过程，看看一切是否正常。我们可以跳过损坏的数据批次，继续使用后续批次的剩余数据来训练机器学习模型。

然而，在使用一半的数据对模型训练了数小时后，我们发现新批次数据的使用速度比以前慢了很多。经过一番排查并与 DevOps 团队沟通后，我们发现由于其中一个数据中心迎来了暴风雨，因而网络变得极不稳定(前面提到的第二

种情况)。如果我们的数据集保存在远程服务器上,而没有下载到本地,如图 3-22
所示,训练过程将阻塞在等待与远程数据库取得成功连接的状态。在等待期间,
我们应该对当前训练的模型参数进行检查点(checkpoint)存档并暂停训练。等到
网络稳定后,就可以轻松地恢复训练。

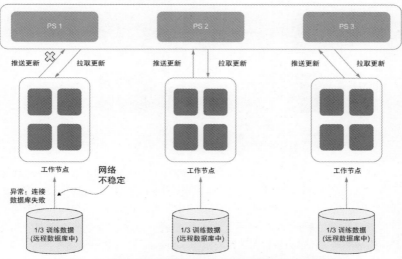

图 3-22　工作节点在从远程数据库获取数据时遇到网络不稳定的情况

　　网络不稳定是否还有其他影响呢?我们还忽略了一个事实:我们还依赖网
络在工作节点和参数服务器节点之间进行通信,以发送计算出的梯度并更新模
型参数。但如果采用集合通信模式,整个训练过程是同步的。也就是说,一个
工作节点会阻塞集群中其他节点的通信。我们需要从所有节点中获取到梯度,
才能够将结果聚合以更新模型参数。如果有一个工作节点通信速度变慢,那么
经过连锁反应它最终会阻塞整个任务的训练。

　　在图 3-23 中,同一进程组中的三个工作进程正在执行 allreduce 操作。由
于构成分布式集群的网络不稳定,导致其中两个进程的通信速度变慢,其进程
没有及时接收到数据(用问号表示),整个 allreduce 操作被阻塞,直到它们成功
接收到了所有数据。

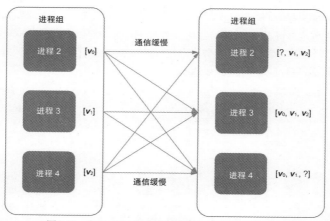

图3-23　由于网络不稳定阻塞了整个allreduce 训练过程

　　我们是否可以采取一些措施，使整个训练过程不会受到个别节点网络性能下降的影响？在这种情况下，首先可以考虑忽略这两个网络连接不稳定的工作进程，然后跳过这一次 allreduce 操作。考虑到集合通信模式的特点，剩余的工作节点仍然拥有完全相同的模型副本，因此我们可以通过重建一个由剩余工作节点组成的新工作节点进程组，再次执行 allreduce 操作来继续训练。

　　这种方法还可以处理某些工作节点被抢占的情况(例如，它们的计算资源被重新分配给具有更高优先级的任务和节点)。当这些工作节点被抢占时，我们重新构建工作节点进程组，然后执行 allreduce 操作。采用这种方法，能够避免在发生意外故障时从头开始训练模型浪费大量资源。相反，我们可以从之前因故障发生暂停的地方开始，使用已经分配了计算资源的工作节点继续训练。如果有额外的资源，我们可以添加工作节点，然后重建工作节点进程组以更高效地进行训练。现在，我们可以轻松地扩缩分布式训练系统的规模，使整个系统在资源方面具有弹性。许多其他分布式系统也采用了相同的理念，以确保所用系统具有可靠性和可扩展性。

3.4.3　讨论

　　我们成功实现了在集合通信模式下对分布式训练进行故障恢复，避免了浪费工作节点的计算资源。如果我们的分布式训练使用的是参数服务器，而不是仅有工作节点的集合通信模式会发生什么呢？

　　回想一下，当使用参数服务器时，每台参数服务器存储了包含一部分模型参数的模型分区。如果我们需要移除一些工作节点或参数服务器，例如当某台参数服务器上的网络不稳定导致某些节点通信失败且阻塞时，又或者工作节点的计算资源被抢占时，则需要对失败节点中的模型分区进行检查点存档，然后将模型分区重新分配给剩余有效的参数服务器。

实际上，这里还存在许多挑战。例如，我们如何对模型分区进行检查点存档，以及应该将它们保存在哪里？我们应该多久进行一次检查点存档，以确保它们的数据是最新的？

3.4.4　练习

1. 为防止发生故障，在检查点存档中最需要保存的东西是什么？

2. 当我们移除了那些因阻塞、无法恢复而没有来得及对模型做检查点存档的工作节点后，假设使用的是集合通信模式，我们应该从哪里获取最新的模型？

3.5　习题答案

3.2.4 节

1. 不可以，因为训练发生在单台笔记本电脑上。

2. 系统最终会花费大量时间在节点间通信上，而在神经网络层之间的计算上花费的时间很少。

3. 我们需要更多的磁盘空间供参数服务器存储大型模型分区，但不需要过多的 CPU/GPU/内存资源，因为参数服务器不涉及大量运算。

3.3.4 节

1. 不是，它们也出现在工作节点和参数服务器之间。

2. 异步地。

3. reduce 和 broadcast 操作。

3.4.4 节

1. 保存最新的模型参数。

2. 在集合通信模式下，剩余的工作节点仍然拥有相同的模型副本，我们可以用它来继续训练。

3.6　本章小结

- 考虑到数据集的大小和位置、模型的大小、计算资源和底层网络基础设施等因素，分布式模型训练不同于传统的模型训练。
- 我们可以使用参数服务器来构建大型且复杂的模型，并在每台服务器上存储模型参数的分区。
- 如果工作节点和参数服务器之间的通信出现瓶颈，我们可以切换到集合通信模式来提高中小型模型的分布式模型训练性能。
- 分布式模型训练过程中如果发生意外故障，我们可以采取多种方法来避免浪费计算资源。

第4章

模型服务模式

在上一章中，我们探讨了分布式训练组件中面临的一些挑战，并介绍了一些可以整合到这些组件中的实用模式。分布式训练是分布式机器学习系统中最关键的部分。例如，我们在训练用于标记新 YouTube 视频主题的大模型时遇到了挑战，它无法在单台机器上运行。我们研究了如何克服使用参数服务器模式带来的挑战，还学习了如何使用集合通信模式来加速小模型的分布式训练，从而避免参数服务器和工作节点之间存在不必要的通信开销。最后，我们讨论了分布式机器学习系统中由于数据集损坏、网络不稳定和节点抢占导致的稳定性问题，以及对应的解决方案。

模型服务是模型训练成功后的下一个步骤，是分布式机器学习系统的基本步骤之一。模型服务组件需要具有可扩展性和可靠性，以处理不断增长的用户请求数和单个请求的数据量。在构建分布式模型服务系统时，不同设计决策带来的权衡也至关重要。

在本章中，我们将探讨分布式模型服务系统中涉及的一些挑战，并将介绍一些在工业界广泛采用的成熟模式。例如，我们将看到在处理不断增加的模型服务请求时遇到的挑战，以及如何在副本服务的帮助下来实现水平扩展以克服这些挑战。我们还将讨论分片服务模式如何帮助系统处理大型模型服务请求。

此外，我们将学习如何评估模型服务系统并确定事件驱动设计对实际应用场景是否有帮助。

4.1　模型服务的基本概念

模型服务是一个通过加载已经训练好的模型以生成预测或对新输入数据进行推理的过程，是模型训练成功后的下一个步骤。图 4-1 展示了模型服务在机器学习流水线中的位置。

图4-1　模型服务在机器学习流水线中的位置

模型服务是一个通用概念，它出现在分布式和传统的机器学习应用程序中。在传统的机器学习应用程序中，模型服务通常是在本地机器上运行的单个程序，并对新数据集生成预测，并且这些数据集之前没有被用于模型训练。对于传统的模型服务来说，数据集和使用的机器学习模型都应该足够小，以便它们能够存储在单台机器的本地磁盘上。

相比之下，分布式模型服务通常出现在机器集群中。用于模型服务的数据集和训练好的机器学习模型可能非常大，并且必须存储在远程分布式数据库中或分区存储在多台机器的磁盘上。表 4-1 总结了传统模型服务和分布式模型服务系统之间的差异。

表4-1　传统模型服务与分布式模型服务系统的对比

	传统模型服务	分布式模型服务
计算资源	个人笔记本电脑或单台远程服务器	机器集群
数据集位置	单个笔记本电脑或机器上的本地磁盘	远程分布式数据库或分区存储在多台机器的磁盘上
模型和数据集的大小	足够小，可以存储在一台机器上	中型到大型

构建和管理一个针对不同使用场景的可扩展、可靠且高效的分布式模型服务系统并不简单。接下来我们将研究一些使用场景以及能够应对不同挑战的模式。

4.2 副本服务模式：处理不断增长的服务请求

你可能还记得，在上一章中，我们构建了一个机器学习模型，使用 YouTube-8M 数据集(http://research.google.com/youtube8m)来标记新视频的主题，这个数据集包含了数百万个 YouTube 视频 ID，具有来自 3,800 多个不同实体类别(例如，Food、Car、Music 等)的高质量机器生成的注释。YouTube-8M 数据集中视频的截图如图 4-2 所示。

图 4-2 YouTube-8M 数据集中视频的截图。(来源：Sudheendra Vijayanarasimhan 等人，遵循 Nonexclusive License 1.0 许可协议)

现在我们希望构建一个模型服务系统，允许用户上传新视频。然后系统将加载训练好的机器学习模型来标记已上传视频中出现的实体类别/主题。请注意，模型服务系统是无状态的，因此用户的请求不会影响模型服务的结果。

该系统获取用户上传的视频并向模型服务器发送请求。然后模型服务器从模型存储中检索之前训练好的实体标记机器学习模型来处理视频并最终生成视频中可能出现的实体类别。该系统的高级概览如图 4-3 所示。

用户上传视频，然后向模型服务
系统提交请求以标记视频中的实体

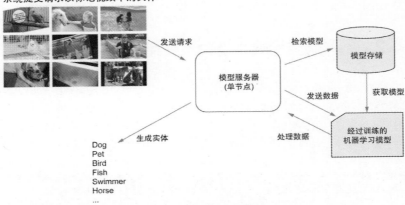

图4-3 单节点模型服务系统的高级架构图

　　模型服务器的初始版本仅在单台机器上运行，并按照先到先服务的原则响应用户的模型服务请求，如图 4-4 所示。如果只有很少的用户在使用该系统，这种方法可能会很有效。然而，随着用户或模型服务请求数量的增加，用户在等待系统完成处理之前的请求时将遇到巨大的延迟。现实中，这种糟糕的用户体验会立即使用户对这个系统失去兴趣。

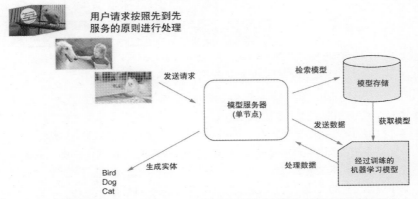

图4-4 模型服务器仅运行在单机上，并按照先到先服务的原则响应用户的模型服务请求

4.2.1 问题

系统接收用户上传的视频，然后将请求发送到模型服务器。这些模型服务请求会进行排队，并等待被模型服务器处理。

受限于单节点模型服务器的特性，它只能按照先到先服务的原则服务于有限数量的模型服务请求。随着实际请求数量的增长，当用户必须等待很长时间才能收到模型服务的结果时，用户体验变得更糟。所有请求都在等待模型服务系统对其进行处理，但计算资源受限于这个单一节点。还有没有比顺序处理模型服务请求更好的方法呢？

4.2.2 解决方案

我们忽略了一个事实：现有的模型服务器是无状态的，这意味着每个请求的模型服务结果不会受到其他请求的影响，并且机器学习模型一次只能处理一个请求。也就是说，模型服务器不需要保存状态就能正常运行。

由于模型服务器是无状态的，我们可以添加更多的服务器实例来协助处理额外的用户请求，并且这些请求之间不会相互干扰，如图 4-5 所示。这些额外的模型服务器实例是原始模型服务器的副本，它们具有不同的服务器地址，每个实例负责处理不同的模型服务请求。换句话说，它们是模型服务的副本服务，简称为模型服务器副本。

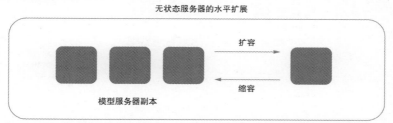

图4-5 额外的模型服务器实例协助处理更多的用户请求，且这些请求之间不会相互干扰

通过增加更多的机器将额外资源加入我们的系统，这种扩展方式称为水平扩展。水平扩展系统通过添加更多副本来处理越来越多的用户或流量。与水平扩展相对的是垂直扩展，它通常通过向现有机器直接添加计算资源来实现。

类比：水平扩展与垂直扩展

你可以将垂直扩展想象为：当需要更多马力时，卖掉跑车并购买一辆赛车。虽然赛车速度很快且看起来也很棒，但它也很昂贵并且不太实用，最终它耗尽所有汽油所能走的距离也是有限的。此外，赛车只有一个座位，而且必须在平坦的路面上行驶，因此它只适合赛车运动。

而水平扩展则是通过增加另一辆车来获得额外的马力。事实上，你可以将水平扩展想象成可以同时容纳大量乘客的几辆车。也许这些车中没有一辆是赛车，它们也不需要是赛车，因为在整个车队中，你已经拥有了所需的所有马力。

让我们回到最初的模型服务系统，它接收用户上传的视频并向模型服务器发送请求。与我们之前设计的模型服务系统不同，该系统拥有多个模型服务器副本来异步处理模型服务请求。每个模型服务器副本处理单个请求，从模型存储中检索之前训练好的实体标记机器学习模型，然后处理请求中的视频，以标记视频中可能出现的实体。

因此，我们通过向现有的模型服务系统中添加模型服务器副本，成功地扩展了模型服务器。新的架构如图 4-6 所示。模型服务器副本能够同时处理多个请求，因为每个副本可以独立处理各个模型服务请求。

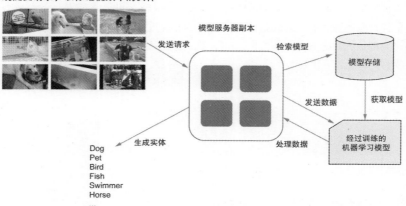

图4-6　通过向系统中添加模型服务器副本来扩展模型服务器的系统架构

在新架构中，用户的多个模型服务请求被同时发送到模型服务器副本中。然而，我们还没有讨论它们是如何分发和处理的。例如，哪个请求由哪个模型服务器副本处理？换句话说，我们还没有定义请求与模型服务器副本之间的映射关系。

为此，我们可以添加一个负载均衡器，它负责在副本之间分配模型服务请求。例如，负载均衡器接收用户的多个模型服务请求，然后将请求均匀地分发到每个模型服务器副本，每个副本负责处理各个请求，包括模型检索和对请求中的新数据进行推理。图 4-7 展示了这个过程。

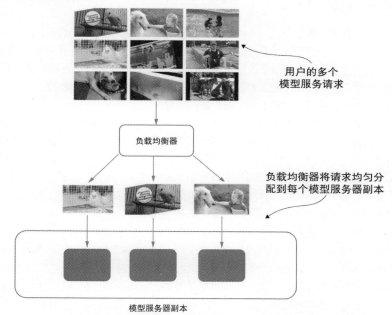

图 4-7 负载均衡器如何用来将请求均匀地分配到各个模型服务器副本的示意图

负载均衡器使用不同的算法来决定将哪个请求发送到哪个模型服务器副本进行处理。负载平衡的示例算法包括轮询、最少连接、哈希等。

副本服务模式为我们的模型服务系统提供了一种很好的水平扩展方式。它也可以推广应用于任何需要大流量服务的系统。当单个实例无法处理流量时，引入此模式可确保所有流量都能得到同等且高效的处理。我们将在 9.3.2 节中应用此模式。

轮询负载均衡

轮询是一种简单的方法，负载均衡器根据一个列表循环地将每个请求转发到不同的服务器副本。

> 尽管使用轮询算法很容易实现一个负载均衡服务器，但是对负载均衡器服务器而言，如果它收到了大量需要被处理的请求，可能会超过它所能承受的最大负载，也就出现了过载的情况。

4.2.3 讨论

现在我们具备了负载均衡的模型服务器副本，能够支持不断增长的用户请求，并且实现了模型服务系统的水平扩展。我们不仅能够以可扩展的方式处理模型服务请求，整个模型服务系统也具有很高的可用性(https://mng.bz/EQBd)。高可用性是指系统无中断地执行其功能的能力，代表系统的可用程度。它通常用一年中的正常运行时间百分比来衡量。

例如，某些组织可能要求服务达到高度可用的服务级别协议(Service-Level Agreement)，这意味着服务的运行时间达到 99.9%(称为三个九的可用性)。也就是说，该服务每天只允许有 1.4 分钟的停机时间(24 小时×60 分钟×0.1%)。借助副本模型服务，如果任何模型服务器副本宕机或实例被抢占，其余的模型服务器副本仍然可用并准备处理用户的模型服务请求，这为用户提供了良好的体验并使系统更加可靠。

此外，由于我们的模型服务器副本需要从远程模型存储中检索之前训练的机器学习模型，因此它们不仅需要保持在线，还需要随时准备就绪。构建并部署就绪探针，以通知负载均衡器副本建立与远程模型存储的连接，并准备好服务来自用户的模型服务请求，这一点至关重要。就绪探针可帮助系统确定指定的副本是否已准备好提供服务。有了就绪探针，当系统因内部问题未准备好时，用户不会由于请求到未就绪的副本而遇到未知异常。

副本服务模式解决了我们的水平可扩展性问题，该问题限制了模型服务系统支持大量模型服务请求。然而，在实际的模型服务场景中，不仅服务请求的数量增加，而且每个请求的数据量大小也会增加。在这种情况下，副本服务可能无法处理大数据量的请求。我们将在下一节中讨论这种情况，并介绍一种可以缓解该问题的模式。

4.2.4 练习

1. 副本模型服务器是无状态的还是有状态的？
2. 如果模型服务系统中没有负载均衡器，会发生什么情况？
3. 如果我们只有一个模型服务器实例,能实现三个九的服务级别协议(SLA, Service-Level Agreement)吗？

4.3　分片服务模式

副本服务模式有效地解决了水平扩展问题，使我们的模型服务系统能够支持不断增长的用户请求。借助模型服务器副本和负载均衡器，我们还实现了系统的高可用性。

接下来，我们假设用户想要上传一个高分辨率的 YouTube 视频，需要使用模型服务器应用程序为该视频进行实体标记。即使高分辨率视频文件很大，如果模型服务器副本有足够的磁盘存储空间，文件也能够成功上传。然而，我们无法在任意一个模型服务器副本中独立地处理该请求，因为处理这个单一的大请求需要在模型服务器副本中分配更多的内存。这种需要消耗大内存的场景通常是由模型的复杂性带来的，正如我们在上一章中看到的，它可能包含许多繁重的矩阵计算或数学运算。

例如，用户请求将高分辨率视频上传到模型服务系统。其中一个模型服务器副本接收到了这个请求，并成功检索到之前训练好的机器学习模型。遗憾的是，由于负责处理这个请求的模型服务器副本内存不足，模型无法处理请求中的数据。最终，我们可能会在用户等待很长时间后通知用户请求失败，从而导致用户体验糟糕。这种情况的示意图如图 4-8 所示。

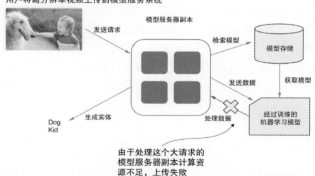

图 4-8　该图显示模型无法处理请求中的大数据，因为负责处理该请求的
模型服务器副本没有足够的内存

4.3.1 问题：处理包含高分辨率视频的大型模型服务请求

系统正在处理的请求数据量之所以大，是因为用户上传的视频分辨率高。在之前训练的机器学习模型可能包含繁重数学运算的情况下，这些大型视频请求无法被内存有限的单个模型服务器副本成功处理。我们该如何设计模型服务系统来成功处理这种高分辨率视频的大型请求？

4.3.2 解决方案

鉴于我们对每个模型服务器副本的计算资源需求，是否可以通过增加每个副本的计算资源来垂直扩展，以便它们可以处理类似高分辨率视频的大型请求？由于我们为所有副本都垂直扩展相同的资源量，因此不会对负载均衡器产生影响。

但不能简单地垂直扩展模型服务器副本，因为我们无法预估请求的数量。想象一下，只有少数用户有需要处理的高分辨率视频(例如，拥有能够拍摄高分辨率视频的高端相机的专业摄影师)，而其余绝大多数用户仅通过智能手机上传较小分辨率的视频。结果，模型服务器副本上添加的大部分计算资源都处于空闲状态，这会导致资源利用率非常低。我们将在下一节中从资源利用率的角度进一步探究，但就目前而言，这种方法并不实用。

还记得我们在第 3 章中介绍的参数服务器模式吗？它支持对一个非常大的模型进行分区。图 4-9 是我们在第 3 章中讨论的图，展示了使用多台参数服务器进行分布式模型训练；大模型已经进行分区，每个分区位于不同的参数服务器上。每个工作节点获取数据集的部分子集，执行每个神经网络层所需的计算，然后发送计算好的梯度以更新存储在某台参数服务器上的一个模型分区。

为了解决大型模型服务请求的问题，我们可以借鉴相同的思路并将其应用于特定的场景中。

我们首先将原始的高分辨率视频分割成多个独立的视频片段，然后每个视频片段由多个模型服务器分片独立处理。模型服务器分片是模型服务器实例的副本，每个分片负责处理大型请求的一个子集。

图 4-10 中的示意图是分片服务模式的一个示例架构。在图中，一个包含狗和孩子的高分辨率视频被分割成两个独立的视频，其中每个视频代表原始大型请求的一个子集。其中一个视频包含狗出现的部分，另一个视频包含孩子出现的部分。这两个分割的视频成为两个独立的请求，由不同的模型服务器分片单独处理。

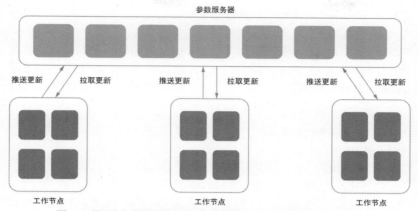

图4-9　使用多台参数服务器进行分布式模型训练，对大模型进行分区，
每个分区位于不同的参数服务器上

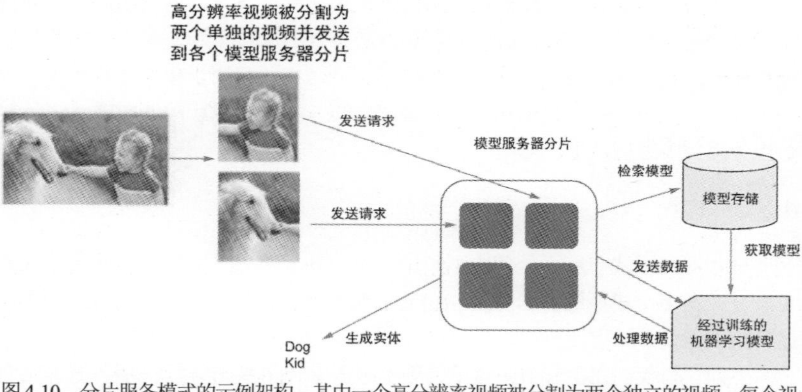

图4-10　分片服务模式的示例架构，其中一个高分辨率视频被分割为两个独立的视频。每个视频代表原始大型请求的一个子集，并由不同的模型服务器分片独立处理

在模型服务器分片收到子请求(其中每个子请求都包含原始大型模型服务请求的一部分)后，每个模型服务器分片接着从模型存储中检索之前训练好的机器学习模型，然后处理请求中的视频以标记视频中可能出现的实体类别，这与我们之前设计的模型服务系统类似。一旦所有子请求都被各个模型服务器分片处理完毕，我们合并两个子请求(即狗和孩子这两个实体)的模型推理结果，以获得原始大型模型服务请求(包含高分辨率视频)的结果。

如何将两个子请求分发到不同的模型服务器分片？与用来实现负载均衡器

的算法类似，我们可以使用与哈希函数非常相似的分片函数来确定模型服务器分片列表中的哪个分片应负责处理对应的子请求。

通常，分片函数是使用哈希函数(hash)和模运算符(%)定义的。例如，即使哈希函数的输出远大于分片服务中的分片数量，`hash(request)%10` 也会返回 10 个以内的分片数。

> **分片哈希函数的特点**
>
> 定义分片函数的哈希函数将任意对象转换为表示特定分片索引的整数。它有两个重要特性:
>
> 1. 对于相同的输入，哈希函数的输出始终相同。
> 2. 分片函数输出值的分布始终是均匀的。
>
> 这些特性非常重要，可以确保特定请求始终由同一分片服务器处理，并且请求在分片之间均匀分布。

分片服务模式解决了我们在构建大规模模型服务系统时遇到的问题，并提供了一种处理大型模型服务请求的方法。它类似于我们在第 2 章中介绍的数据分片模式:我们不是将分片应用于数据集，而是将其应用于模型服务请求。当一个分布式系统中单台机器的计算资源有限时，我们可以应用这种模式将计算负担分摊到多台机器上。

4.3.3　讨论

分片服务模式有助于处理大型请求，并有效地将处理大型模型服务请求的负载分摊给多个模型服务器分片。当请求超出单台机器所能容纳的数据量时，这种模式通常非常有用。

然而，与我们在上一节中讨论的副本服务模式(在构建无状态服务时非常有用)不同，分片服务模式通常用于构建有状态服务。在我们的例子中，需要使用分片服务来维护原始大型请求中子请求的状态或结果，然后将结果合并到最终的响应中，使得它能包含原始高分辨率视频中的所有实体类别。

在某些情况下，这种方法可能不太适用，因为这取决于我们如何将原始大请求分割为更小的请求。例如，如果原始视频被分割为两个以上的子请求，某些子请求可能没有意义，因为它们可能不包含模型能够识别的完整实体。对于这种情况，我们需要对合并结果进行额外的处理，以删除对应用程序无用且无意义的实体。

在构建大规模模型服务系统以处理大量大型模型服务请求时，副本服务模式和分片服务模式都起到了至关重要的作用。然而，要将它们整合到模型服务系统中，我们还需要了解服务所需的计算资源，如果模型服务的流量是动态变化的，那么资源可能无法被正常使用。在下一节中，我将介绍另一种模式，重点关注可以处理动态流量的模型服务系统。

4.3.4　练习

1. 垂直扩展有助于处理大型模型请求吗？
2. 模型服务器分片是有状态的还是无状态的？

4.4　事件驱动处理模式

我们在 4.2 节中研究的副本服务模式有助于处理大量模型服务请求，而 4.3 节中的分片服务模式可用于处理不适合单个模型服务器实例的大数据量请求。虽然这些模式解决了构建大规模模型服务系统所面临的挑战，但它们更适合这样一个场景：在开始接收用户请求之前，系统已经知道需要分配多少计算资源、模型服务器副本或模型服务器分片。然而，在我们不知道系统将接收到多少模型服务流量的情况下，很难有效地分配和使用计算资源。

试想一下，我们为一家提供节日和活动规划服务的公司工作。我们希望提供一项新服务，该服务将使用训练好的机器学习模型，并根据日期和客户想要度假的位置，来预测度假区酒店每晚的价格。

为了提供这项服务，我们可以设计一个机器学习模型服务系统。该模型服务系统提供一个用户界面，用户可以在其中输入他们感兴趣的假期日期范围和位置。一旦请求被发送到模型服务器，之前训练好的机器学习模型将从分布式数据库中被检索出来，并用于处理请求中的数据(日期和位置)。最终，模型服务器将返回给定日期范围内每个位置的酒店价格预测信息。完整流程如图 4-11 所示。

在对选定的客户测试该模型服务系统一年后，我们将能够收集到足够的数据来绘制随时间变化的模型服务流量。事实证明，人们更倾向于在假期前的最后一刻预订假期，因此假期前不久流量会突然增加，并且假期结束后流量减少。这种流量特性导致了资源利用率非常低。

用户输入日期范围和位置，然后提交请求到服务系统

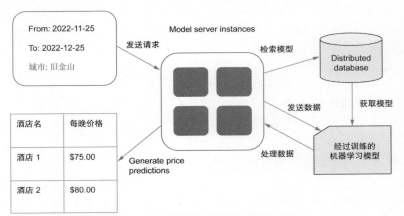

图4-11　预测酒店价格的模型服务系统示意图

　　在我们当前的模型服务系统架构中，分配给模型的底层计算资源始终保持不变。这种策略似乎并非最佳：在流量低时，我们的大部分资源都处于空闲状态，从而造成了浪费。而在流量高时，我们的系统难以及时响应，并且需要比平常更多的资源来维持运行。也就是说，系统必须使用相同数量的计算资源(例如，10 个 CPU 和 100 GB 内存)来处理高流量和低流量的场景，如图 4-12 所示。

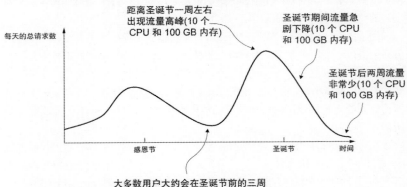

图4-12　在始终分配等量计算资源的情况下，模型服务系统的流量随时间变化

既然我们或多或少知道这些假期是什么时候开始的，那么能否提前计算流量大小呢？遗憾的是，某些突发事件会让流量突增的预测变得困难。例如，在某个度假村附近举行了一场大型国际会议，如图 4-13 所示。这一意外事件发生在圣诞节前，突然增加了该时间窗口内的流量(实线)。如果我们不知道会议的情况，就会错过分配计算资源时应该考虑的时间窗口。在具体场景中，虽然我们针对用例进行了优化(两个 CPU 和 20 GB 内存)，但在这个时间窗口内的资源已经不足以处理用户请求了。这样用户体验将会变得非常糟糕：想象一下所有参会者都坐在笔记本电脑前，长时间等待着预订酒店房间。

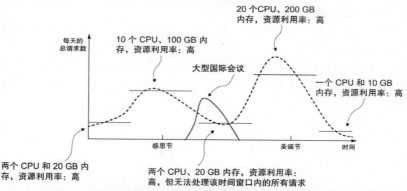

图 4-13　模型服务系统的流量随时间变化，并为不同时间窗口分配了最佳数量的计算资源。此外，圣诞节前发生了一个意外事件，导致该特定时间窗口内的流量突然增加(实线)

这种简单的解决方案仍然不是非常实用和有效，因为划分不同的时间窗口以及确定每个时间窗口需要多少计算资源并不是一件容易的事。是否有更好的方法呢？

在我们的场景中，需要处理的是随时间变化的动态模型服务请求量，并且请求量与节假日的时间高度相关。如果我们能保证有足够的资源，并且暂时忽略提高资源利用率这一目标呢？如果计算资源始终保证充足，就可以确保模型服务系统能够处理节假日期间的大流量。

4.4.1　问题：基于事件响应模型服务请求

我们可以让系统在明确可能经历大流量的任何时间窗口之前相应地预估和分配计算资源，但这并不可行。因为确定大流量的确切时间窗口以及每个时间窗口所需的确切计算资源量并不容易。

简单地将计算资源增加并始终保持足够的量也是不切实际的，因为我们之前关心的资源利用率仍然很低。例如，如果在特定时间段内几乎没有用户请求，那么我们分配的计算资源大部分将处于空闲状态，从而造成资源浪费。是否有另一种方法可以更灵活地分配和使用计算资源呢？

4.4.2　解决方案

我们的解决方案是维护一个共享的计算资源池(例如，CPU、内存、磁盘等)，这些资源不仅分配给这个特定的模型服务系统，还分配给其他模型服务或分布式机器学习流水线的其他组件。

图 4-14 是一个示例架构图，其中共享资源池被不同的系统(例如，数据摄取、模型训练、模型选择、模型部署和模型服务) 同时使用。这个共享资源池通过预先分配历史峰值流量期间所需的资源，并在达到瓶颈时自动扩展，从而为我们提供了足够的资源来处理模型服务系统的峰值流量。因此，系统按需使用资源，并且只使用每个模型服务请求所需的特定资源量。

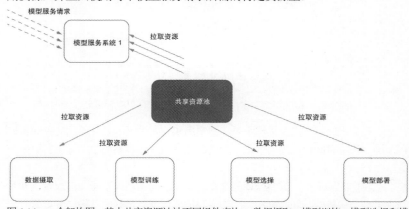

图4-14　一个架构图，其中共享资源池被不同组件(例如，数据摄取、模型训练、模型选择和模型部署)以及两个不同的模型服务系统同时使用。实线箭头表示资源，虚线箭头表示请求

这里我们只关注图中的模型服务系统，暂时忽略其他系统的细节。此外，我们假设模型训练组件只使用常见的资源类型，例如 CPU。如果模型训练组件需要使用 GPU 或 CPU/GPU 的混合，则根据具体用例，使用单独的资源池可能会更合适。

当使用酒店价格预测应用程序的用户在页面中输入他们感兴趣的假期日期

范围和位置时，模型服务请求将被发送到模型服务系统中。在接收到请求后，系统会告知共享资源池系统需要使用的确切计算资源量。

例如，图 4-15 展示了模型服务系统的流量随着时间的推移出现了意外的流量高峰。这一意外的流量增长是由于圣诞节前举行了一次大型国际会议。这个事件突然增加了流量，但模型服务系统从共享资源池借用了所需的资源，成功应对了突增的流量。借助共享资源池，在突发事件期间，系统能保持高资源利用率。共享资源池监控当前可用资源量并在需要时自动扩展。

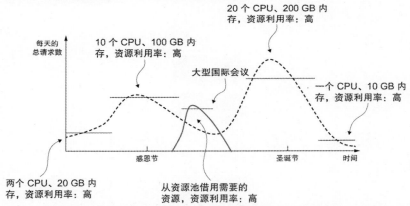

图 4-15　模型服务系统的流量随时间的变化。圣诞节前出现了一次意外的流量高峰，导致流量突然增加。模型服务系统通过从共享资源池中借用必要的资源量成功地处理了突增的请求。在突发事件期间，系统仍然能保持高资源利用率

这种系统监控用户请求，然后在用户发出请求时作出响应并使用资源的方法，称为事件驱动处理。

事件驱动处理与长期运行的服务系统的对比

事件驱动处理与我们在前面几节中讨论过的模型服务系统不同(例如，使用副本服务[4.2 节]和分片服务模式[4.3 节]的系统)，这些响应用户请求的服务器始终处于运行状态。这些长时间运行的服务系统适用于许多负载较高、在内存中保存大量数据或需要后台处理的应用程序。

然而，对于在非高峰时段处理少量请求的应用程序，例如酒店价格预测系统，使用事件驱动处理模式更合适。近年来，随着云厂商函数即服务(function-as-a-service)产品的出现，这种事件驱动处理的模式蓬勃发展了起来。

在我们的场景中，酒店价格预测系统的每个模型服务请求都代表一个事件。服务系统监听此类事件，使用共享资源池中的所需资源，并从分布式数据库中检索并加载训练好的机器学习模型，以估算指定时间或位置对应的酒店价格。这个事件驱动模型服务系统的示意图如图4-16所示。

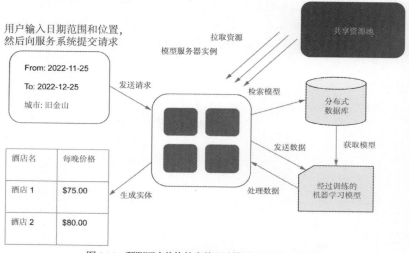

图4-16 预测酒店价格的事件驱动模型服务系统示意图

使用这种事件驱动处理模式，我们可以确保系统按需使用资源，而不必担心出现资源利用率和资源空闲的问题。这样，系统就有足够的资源来处理高峰流量并返回预测价格，并且用户在使用系统时不会感到存在明显的延迟或滞后。

尽管我们现在有了一个具有充足计算资源的共享资源池，可以从共享资源池借用计算资源来按需处理用户请求，但我们还应该在模型服务系统中建立一种机制来防御拒绝服务(Denial-of-Service)攻击。拒绝服务攻击会中断授权用户对计算机网络的访问，它通常来自攻击者的恶意攻击，并且在模型服务系统中十分常见。这些攻击可能会导致共享资源池中的计算资源被恶意占用，最终可能导致依赖该共享资源池的其他服务资源短缺。

拒绝服务攻击可能在各种情况下发生。例如，它们可能来自在很短的时间内发送大量模型服务请求的用户。开发者可能错误配置了调用模型服务 API 的客户端，导致它不断发送请求，或者在生产环境中意外启动了负载或压力测试。

　　为了应对这些在现实中经常发生的情况，引入防御拒绝服务攻击的机制是非常重要的。一种避免这些攻击的方法是限流：将模型服务请求添加到队列中，并限制系统处理队列中请求的速率。

　　图 4-17 是四个模型服务请求的流程图。其中有两个请求被限流，因为该系统最多允许处理两个并发的模型服务请求。在这种情况下，模型服务请求的限流队列首先检查收到的请求是否低于当前的速率限制。一旦系统处理完这两个请求，它将继续处理队列中剩余的两个请求。

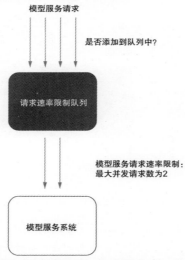

图 4-17　发送到模型服务系统的四个模型服务请求的流程图。其中有两个请求被限流，因为该系统最多允许处理两个并发的模型服务请求。一旦系统处理完这两个请求，它将继续处理队列中剩余的两个请求

　　如果我们部署并向用户公开模型服务的 API，通常的做法是对匿名用户设置相对较低的请求速率限制(例如，一小时内只允许请求一次)，然后要求用户登录以获得更高的速率限制。这样的系统能够更好地控制和监控用户的行为和流量，以便我们采取必要的措施来解决任何潜在的问题(例如，拒绝服务攻击)。例如，要求用户登录可以方便对用户行为进行审计，从而找出哪些用户的行为导致出现了意外的模型服务请求。

　　图 4-18 演示了前面描述的策略。在图中，左侧的流程图与图 4-17 相同，共有四个来自未认证用户的模型服务请求被发送到了模型服务系统。然而，由于当前的速率限制，系统只能同时处理两个请求，允许未认证的用户最多发送

两个并发的模型服务请求。相反，右侧流程图中的模型服务请求都来自认证用户。此时模型服务系统可以处理三个请求，因为经过身份认证的用户的最大并发请求数的上限是 3。

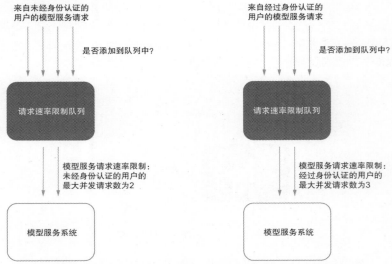

图 4-18 对经过身份认证和未经身份认证的用户使用不同限流策略的对比

速率限制取决于用户是否经过了身份认证。因此，限流有效地控制了模型服务系统的流量，防止了对该系统进行的恶意拒绝服务攻击，这种攻击可能导致共享资源池中的计算资源被恶意占用，最终导致依赖资源池的其他服务资源短缺。

4.4.3 讨论

尽管你已经看到事件驱动处理模式如何使我们的特定服务系统受益，但我们不应该试图将此模式作为通用解决方案。还可以使用许多其他的工具和模式来帮助你开发分布式系统，以满足独特的需求。

对于流量稳定的机器学习应用程序(例如，根据计划定期计算的模型预测服务)，采用事件驱动的处理方法是不必要的，因为系统已经知道何时处理请求，并且尝试去监控这种规律性流量会有太多的开销。此外，那些可以容忍一定预测精度损失的应用程序不需要事件驱动也可以很好地运行；它们还可以重新计算并提供特定时间粒度(例如，每天或每周)的预测。

事件驱动处理更适合流量多变的应用程序，对于这种应用程序，系统难以预先准备好所需的计算资源。通过使用事件驱动处理方法，模型服务系统按需申请必要的计算资源。应用程序可以提供更准确和实时的预测，因为它们在用户发送请求后进行实时预测，而不是依赖于定期预先计算的预测结果。

从开发者的角度来看，事件驱动处理模式的好处之一是它非常直观。例如，它极大地简化了部署代码的过程，因为除了代码本身之外，没有事件需要构建或推送。事件驱动处理模式使我们可以轻松地将代码从笔记本电脑或浏览器部署到云中运行。

在我们的场景中，我们只需要部署训练好的机器学习模型，该模型可以作为函数并通过用户请求触发推理。部署后，该模型服务函数将被自动管理和扩展，不需要开发人员手动分配资源。换句话说，随着流量的增加，更多的模型服务实例将被创建，它们使用共享资源池来处理新增的流量。如果模型服务函数因机器故障而失效，它将自动在共享资源池中的其他机器上重新启动运行。

鉴于事件驱动处理模式的特性，用于处理模型服务请求的每个函数都需要是无状态的，并且独立于其他模型服务请求。每个函数实例不能有本地缓存，需要将所有状态统一存储在存储服务中。例如，如果我们的机器学习模型强依赖于之前预测的结果(例如，时间序列模型)，那么在这种情况下，事件驱动处理模式可能就不适用了。

4.4.4　练习

1. 假设我们在模型服务系统的整个生命周期内为酒店价格预测服务分配了相同的计算资源量。随着时间的推移，资源利用率会怎么变化？

2. 副本服务或分片服务是长期运行的系统吗？

3. 事件驱动处理是无状态的还是有状态的？

4.5　习题答案

4.2 节

1. 无状态。

2. 模型服务器副本不知道要处理用户的哪些请求，并且当多个模型服务器副本尝试处理相同的请求时，可能会出现潜在的冲突或重复。

3. 是的，只有当单台服务器每天的停机时间不超过 1.4 分钟时。

4.3 节

1. 有帮助，但会降低总体资源利用率。
2. 有状态。

4.4 节

1. 取决于流量，它会随着时间的推移而变化。
2. 是的。服务器需要保持运行以接受用户请求，并且需要始终分配和占用计算资源。
3. 无状态。

4.6 本章小结

- 模型服务是指加载之前训练好的机器学习模型，对新输入数据生成预测或进行推理的过程。
- 副本服务有助于处理不断增长的模型服务请求，借助它可以实现水平扩展。
- 分片服务模式可支持系统处理大型请求，并将处理大型模型服务请求的负载分摊给多个模型服务器分片。
- 通过事件驱动处理模式，我们可以确保系统根据每个请求按需使用资源，而不必担心资源利用率。

第**5**章

工作流模式

本章内容
- 使用工作流连接机器学习系统组件
- 使用扇入和扇出模式在机器学习工作流中构建复杂但可维护性强的架构
- 使用同步和异步模式通过并发步骤加速机器学习工作流
- 通过步骤记忆化模式提高性能

　　模型服务是模型训练完成后的关键步骤。它是整个机器学习工作流的最终产物，模型服务的结果将被直接呈现给用户。之前，我们探讨了分布式模型服务系统中面临的一些挑战，例如，如何处理不断增长的模型服务请求量和请求的数据大小，并研究了业界广泛采用的一些成熟模式。我们了解了如何借助副本服务实现水平扩展来应对这些挑战，以及分片服务模式如何帮助系统处理大型模型服务请求。最后，我们学习了如何评估模型服务系统，并确定事件驱动设计在现实场景中是否有效。

　　工作流是机器学习系统中的重要组成部分，因为它连接了系统中的所有其他组件。一个机器学习工作流可以简单到仅包含数据摄取、模型训练和模型服务这几个链式步骤。然而，处理实际场景可能非常复杂，需要用到额外的步骤并进行性能优化。我们在做出设计决策以满足不同的业务和性能要求时，了解有哪些需要权衡的地方是至关重要的。

　　在本章中，我们将探讨在实践中构建机器学习工作流时遇到的一些挑战。这些成熟的模式可以被复用，以从简单到复杂构建高效且可扩展的机器学习工作流。例如，我们将了解如何构建一个系统来执行复杂的机器学习工作流，从而训练出多个机器学习模型。我们将使用扇入和扇出模式来选择性能最佳的模型，这些模型在模型服务系统中提供良好的实体标记结果。我们还将结合同步和异步模式，使机器学习工作流更加高效，并避免出现由于某个长时间运行的模型训练步骤阻塞其他后续步骤，导致整个训练过程延迟。

5.1 工作流的基本概念

工作流是连接端到端机器学习系统中多个组件或步骤的过程。如前几章所讨论的，一个工作流由机器学习应用程序中常见的各种组件组合而成，例如，数据摄取、分布式模型训练和模型服务。

图 5-1 显示了一个简单的机器学习工作流。此工作流连接了端到端机器学习系统中的多个组件或步骤，包括以下几个步骤：

1. 数据摄取——使用 Youtube-8M 视频数据集
2. 模型训练——训练实体标记模型
3. 模型服务——标记新视频中的实体

注意：

机器学习工作流(workflow)通常称为机器学习流水线(pipeline)。我会交替使用这两个术语。虽然我使用不同的术语来指代不同的技术，但在本书中这两个术语之间没有区别。

由于机器学习工作流可能由任意组合的组件构成，我们经常在不同情况下看到不同形式的机器学习工作流。与图 5-1 所示的简单工作流不同，图 5-2 展示了一个更复杂的工作流，它在单个数据摄取步骤之后启动了两个独立的模型训练步骤，然后使用两个单独的模型服务步骤来服务通过不同模型训练步骤训练出的不同模型。

图 5-1 和 5-2 是一些常见的示例。在实践中，机器学习工作流的复杂性各不相同，这增加了构建和维护可扩展的机器学习系统的难度。

我们将在本章中讨论一些更复杂的机器学习工作流，但首先，我将介绍并区分以下两个概念之间的差异：顺序工作流和有向无环图(Directed Acyclic Graph，DAG)。顺序工作流表示依次执行一系列步骤，直到完成最后一步。执行的顺序可能会有所不同，但步骤始终是连续的。

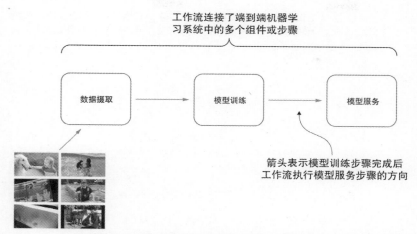

图 5-1　一个包括数据摄取、模型训练和模型服务的简单机器学习工作流的示意图。箭头表示方向。右侧的箭头表示步骤执行的顺序(例如，工作流在模型训练步骤完成后执行模型服务步骤)

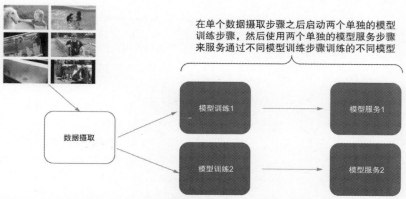

图 5-2　一个更复杂的工作流，在单个数据摄取步骤之后启动两个单独的模型训练步骤，然后使用两个单独的模型服务步骤来服务通过不同模型训练步骤训练的不同模型

图 5-3 是一个顺序工作流示例，其中包含三个依次执行的步骤: A、B 和 C。

如果一个工作流只包含从一个步骤指向另一个步骤的步骤，但从不形成闭环，那么这个工作流可以被视为一个有向无环图。

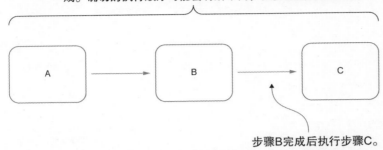

顺序工作流表示依次执行一系列步骤，直到最后一个步骤完成。确切的执行顺序可能会有所不同，但步骤始终是连续的

步骤B完成后执行步骤C。

图 5-3 一个顺序工作流的示例，包含按以下顺序执行的三个步骤：A、B 和 C

例如，图 5-3 中的工作流是一个有效的有向无环图，因为这三个步骤是从步骤 A 到步骤 B，然后从步骤 B 到步骤 C——没有形成闭环。然而，如图 5-4 所示的另一个示例工作流并不是有效的有向无环图，因为有一个附加步骤 D 从步骤 C 连接并指向步骤 A，从而形成闭环。

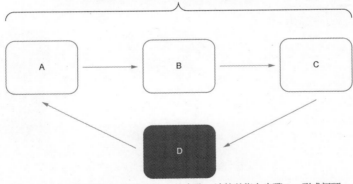

一个工作流，其中包含一个附加步骤D，从步骤C连接并指向步骤A，形成闭环，因此整个工作流不是有效的有向无环图

图 5-4 一个工作流示例，其中步骤 D 从步骤 C 连接并指向步骤 A，形成闭环，因此整个工作流不是有效的有向无环图

如果步骤 D 没有指向步骤 A，如图 5-5 所示，箭头被划掉，这个工作流就变成了一个有效的有向无环图。循环不再闭合，因此它变成了一个简单的顺序工作流，类似于图 5-3。

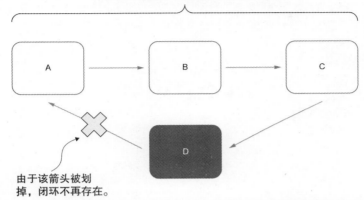

图 5-5　一个工作流示例，其中最后一个步骤 D 没有指向步骤 A。该工作流是有效的有向无环图，因为闭环不再存在。而且它是一个类似于图 5-3 的简单顺序工作流

在实际的机器学习应用程序中，为了满足不同用例的需求(例如，模型的批量重新训练、超参数调整实验等)，所需的工作流可能会变得非常复杂。我们将深入探讨一些更为复杂的工作流，并抽象出可重用的结构模式，以便为各种场景组合对应的工作流。

5.2　扇入和扇出模式：组成复杂的机器学习工作流

在第 3 章中，我们构建了一个机器学习模型来标记 YouTube-8M 数据集中新视频的主题。YouTube-8M 数据集包含数百万个 YouTube 视频 ID，这些视频 ID 带有来自 3,800 多个不同视觉实体(如 Food、Car、Music 等)的机器生成的高质量注释。在第 4 章中，我们还讨论了有助于构建可扩展模型服务系统的模式，用户可以上传新视频，然后系统加载之前训练的机器学习模型来标记已上传视频中出现的实体或主题。在现实应用程序中，我们通常希望将这些步骤串联起来，并以一种易于重用和分发的方式打包它们。

例如，如果原始的 YouTube-8M 数据集已更新，我们想使用相同的模型架构从头开始训练一个新模型应该怎么办？在这种情况下，将这些组件容器化并将它们串联在一起形成一个机器学习工作流是相当容易的，并且当数据更新时，

通过重新执行端到端的工作流就可以复用它。如图 5-6 所示，新视频定期被添加到原始的 YouTube-8M 数据集中，并且每次数据集更新时都会执行工作流。下一个模型训练步骤使用最新的数据集来训练实体标记模型。然后，最后的模型服务步骤使用训练好的模型来标记新视频中的实体。

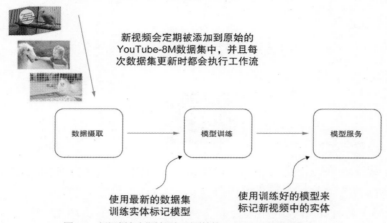

图 5-6　新视频会定期被添加到原始的 YouTube-8M 数据集中，并且每次数据集更新时都会执行工作流

现在，我们来关注一个更复杂的现实场景。假设我们知道所有机器学习模型架构中模型训练的实现细节。

我们计划构建一个机器学习系统，该系统能够训练多种模型，并利用表现最优的前两个模型进行预测。这样整个系统在处理视频样本时，就能够从不同角度捕获信息，从而极大地降低遗漏实体的可能性。

5.2.1　问题

我们的目标是构建一个机器学习工作流，它能够从数据源获取数据，并训练出多个不同的模型。然后，我们会选择性能最佳的前两个模型来为用户提供预测服务。

将一个工作流构建为包含了端到端过程的机器学习系统，其中只包含数据摄取、模型训练和模型服务三个组件。每个组件在工作流中仅作为一个单独的步骤出现一次，使得整个过程简洁明了。然而，在特定场景中，由于需要考虑多模型训练和多模型服务的步骤，实际的工作流可能会复杂得多。那么我们应该如何规范化这个复杂的工作流，使其更具通用性，以便于打包、重用和分发它呢？

5.2.2　解决方案

让我们从最基本的机器学习工作流开始，它只包含数据摄取、模型训练和模型服务三个组件，每个组件在工作流中作为一个单独的步骤仅出现一次。我们将基于此工作流来构建系统，并将其称之为基线工作流，如图 5-7 所示。

图 5-7　仅包含数据摄取、模型训练和模型服务组件的基线工作流，其中每个组件作为工作流中的单独步骤仅出现一次

我们的目标是构建一个机器学习工作流，该工作流会构建并筛选两个性能最佳的模型，用于提升模型服务的推理质量。让我们稍微花一点时间，深入探究在实际应用中使用这种方法的可行性。例如，图 5-8 中所示的两个模型：模型一能够识别出四种实体，模型二能够识别出三种实体。因此，每个模型都可以从视频样本中识别并标记出其能够辨认的实体。通过并行运用这两个模型进行实体标记，并聚合它们的识别结果，我们能够得到一个知识更为丰富、实体覆盖更全面的综合标记结果。换言之，这种双模型标记策略不仅效率更高，而且能够生成更为全面的实体标记结果。

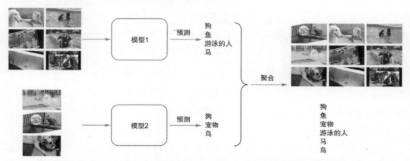

图 5-8　构建两个模型，其中第一个模型能够识别出四种实体，第二个模型能够识别出三种实体。因此，每个模型都可以从视频样本中标记自己能够识别出的实体。我们可以同时使用这两个模型来标记实体，然后聚合它们的结果。聚合结果涵盖的实体比每个单独的模型识别得到的实体更全面

现在我们已经理解了构建这个复杂工作流的初衷，让我们继续了解整个端到端工作流的概览。我们希望构建的机器学习工作流将按如下步骤顺序执行：

(1) 从同一数据源提取数据。

(2) 训练多个模型，它们可能是基于相同架构但配置了不同超参数的模型，也可以是基于完全不同的架构所构建的模型。

(3) 筛选出两个性能最佳的模型，将其部署到模型服务中。

(4) 聚合两个模型服务的结果并呈现给用户。

数据提取完成后，我们将在多模型训练的基线工作流中添加一些预留步骤，以便对其进一步扩展和优化。多个模型训练步骤完成后，我们便会在工作流中添加多个模型服务的步骤。在图 5-9 中，可以看到添加了模型服务步骤后的基线工作流示意图。

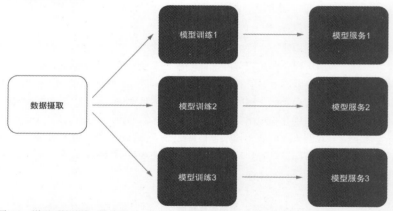

图 5-9　增强后的基线工作流图示，其中数据摄取步骤和多个模型训练步骤相连，每个模型训练步骤和模型服务步骤相连

与我们之前讨论的基线工作流相比，这个工作流的特点在于包含了多个模型训练和模型服务的步骤，而这些步骤之间没有直接的、一对一的联系。例如，某个模型训练的步骤可能与一个模型服务步骤相连，也可能不与任何模型服务步骤相连。

如图 5-10 所示，前两个模型训练步骤所训练的模型要优于第三个模型训练步骤所训练的模型。因此，只有前两个模型训练步骤和模型服务步骤相连。

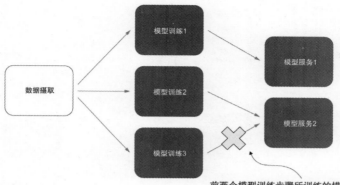

前两个模型训练步骤所训练的模型要优于第三个
模型训练步骤所训练的模型。因此,只有前两个
模型训练步骤和模型服务步骤相连

图 5-10 前两个模型训练步骤所训练的模型要优于第三个模型训练步骤所训练的模型。
因此,只有前两个模型训练步骤和模型服务步骤相连

我们可以按如下方式构建工作流:在数据摄取完成后,我们将多个模型训
练步骤和数据摄取步骤相连,确保它们可以利用从原始数据源中提取并清洗的
共享数据。紧接着,我们引入一个模型选择步骤,该步骤紧跟在模型训练步骤
之后,用于筛选性能最佳的两个模型。这一模型选择步骤进一步与两个模型服
务步骤相连,使得选定的模型能够响应来自用户的请求并提供模型服务。在工
作流的最后阶段,我们将两个模型服务步骤的输出结果汇聚到了一个模型聚合
步骤中,该步骤负责整合信息,并将最终的模型推理结果展示给用户。

整个工作流的完整图示见图 5-11。由于该工作流包含了三个独立的模型训
练步骤,因此每个模型在标记实体时的准确率也就各不相同。在模型选择步骤
中,我们筛选出了在前两个训练步骤中准确率达到至少 90% 的性能最佳的两个
模型,这两个模型随后将在两个独立的模型服务步骤中得到应用。最后,我们
将这两个模型服务步骤的推理结果通过聚合步骤来最终呈现给用户。

我们可以从这个复杂的工作流中抽象出两种模式。首先注意到的是扇出模
式。扇出描述了来自工作流的输入被多个独立步骤并行处理的过程。在我们的
工作流中,当一个数据摄取步骤分别与多个单独的模型训练步骤相连时,便形
成了所谓的扇出模式,如图 5-12 所示。

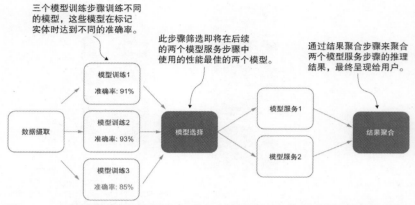

图 5-11　一个支持多模型训练的机器学习工作流，这些模型在标记实体时会得到不同的准确率，然后挑选出准确率至少为 90% 的前两个性能最佳模型用于模型服务，最后将两个模型服务步骤的结果聚合后呈现给用户

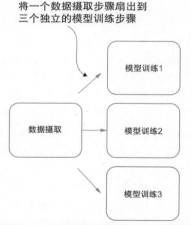

图 5-12　扇出模式示意图：一个数据摄取步骤分别与多个单独的模型训练步骤相连

此外，我们的工作流中还采用了扇入模式，也就是通过一个聚合步骤来合并两个模型服务步骤输出的结果，如图 5-13 所示。扇入描述了将多个步骤的输出结果合并为一个步骤的过程。

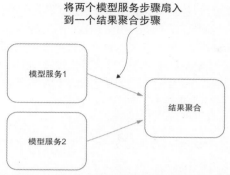

图 5-13　扇入模式图示，我们用一个聚合步骤来合并两个模型服务步骤输出的结果

通过规范化这些模式，我们能够根据实际需求灵活地使用不同的工作流模式，从而构建和组织更为复杂的工作流。

我们已经成功地构建了一个机器学习系统，该系统能够训练多种模型，并利用表现最优的两个模型进行预测，从而极大地降低了在视频样本中遗漏实体的可能性。当构建复杂的工作流以满足实际需求时，这种模式展现出了强大的能力。此外，我们还可以构建多样化的工作流，例如，构建一个将单一的数据处理步骤和多模型训练步骤相连的工作流，以便利用同一数据集来训练多种模型。如果不同模型的预测结果在实际应用中表现出色，我们还可以在每个模型训练步骤后创建多个模型服务步骤。我们将在 9.4.1 节中应用这种模式。

5.2.3　讨论

通过在系统中引入扇入和扇出模式，我们能够执行复杂的工作流，训练多个机器学习模型，并选择性能最优的模型，从而在模型服务系统中提供高质量的实体标记结果。

这些模式是很好的抽象工具，可以被融入到极其复杂的工作流中，以满足现实中对复杂分布式机器学习工作流日益增长的需求。那么，什么样的工作流适合使用扇入和扇出模式呢？一般来说，如果以下两种情况都适用，我们可以考虑结合使用这两种模式：

- 扇入或扇出的多个步骤是相互独立的。
- 这些步骤依次运行需要花费很长时间。

多个步骤的运行过程需要与顺序无关，因为我们无法知道这些步骤的并发副本的运行顺序或返回顺序。例如，如果工作流中还包含集成模型(也称为集成学习：http://mng.bz/N2vn)的训练步骤，从而提供更优的模型聚合能力，那么该集成模型就需要等待其他模型训练完成。因此，我们不能使用扇入模式，因为集成模型训练步骤需要等待其他模型训练完成后才能开始运行，这将需要花费一些额外的等待时间并延迟整个工作流。

集成模型

集成模型利用多个机器学习模型，以获得比任何单一组合模型更优的预测性能。它通常由许多替代模型组成，这些模型可以从不同的角度学习数据集中的关系。

当集成模型之间的多样性显著时，它往往会产生更好的结果。因此，许多集成方法会试图增加它们所组合的模型的多样性。

扇入和扇出模式可以通过创建非常复杂的工作流来满足机器学习系统的大部分要求。然而，为了在这些复杂的工作流上获得良好的性能，我们需要确定工作流的哪些部分需要先执行，哪些部分可以并行执行。经过优化后，数据科学团队将花费更少的时间等待工作流完成，从而降低基础设施成本。在下一章节中，我将介绍一些模式来帮助我们从计算的角度组织工作流中的步骤。

5.2.4 练习

1. 如果步骤之间不是相互独立的，我们可以使用扇入或扇出模式吗？
2. 当尝试使用扇入模式构建集成模型时存在的主要问题是什么？

5.3 同步和异步模式：通过并发加速工作流

系统中的每个模型训练步骤都需要花费很长时间才能完成。然而，它们的持续时间可能因模型架构或模型参数的不同而不同。想象一种极端的情况，其中一个模型训练步骤需要花费两周才能完成，因为它正在训练一个需要使用大量计算资源的复杂机器学习模型。而其他所有的模型训练步骤只需花费一周就能完成。我们之前构建的使用扇入和扇出模式的机器学习工作流中的许多步骤(例如，模型选择和模型服务)将需要再等待一周，直到这个长时间运行的模型训练步骤完成。图 5-14 展示了三个模型训练步骤持续时间差异的示意图。

其中一个模型训练步骤需要花费两周才能完成，因为它正在
训练一个需要使用大量计算资源的复杂机器学习模型，
而其他所有的模型训练步骤只需花费一周就能完成

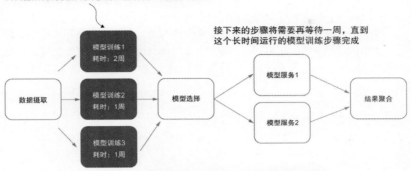

图 5-14　三个模型训练步骤持续时间差异的工作流示意图

在这种情况下，由于模型选择步骤及其后续步骤需要完成所有的模型训练步骤，因此需要花费两周才能完成的模型训练步骤将使工作流整整慢了一周。我们宁可利用额外的一周时间来重新执行所有模型训练步骤，也不希望把时间耗费在等待某一个步骤上！

5.3.1　问题

我们希望构建一个机器学习工作流来训练不同的模型，然后选择前两个性能最佳的模型用于模型服务，模型服务基于两个模型来生成预测。由于现有机器学习工作流中每个模型训练步骤的完成时间不同，后续步骤(例如，模型选择和模型服务步骤)何时开始取决于前面步骤的完成时间。

然而，当至少一个模型训练步骤的完成时间比其余步骤的完成时间长得多时，就会出现问题，因为接下来的模型选择步骤只能在这一个需要花费很长时间的模型训练步骤完成后才能开始。结果，整个工作流都会因这个运行时间特别长的步骤而延迟。有没有办法加速这个工作流，使其不受单个步骤持续时间的影响呢？

5.3.2　解决方案

我们希望构建与之前相同的机器学习工作流，该工作流将在系统从数据源获取数据后训练不同的模型，选择前两个性能最佳的模型，然后使用这两个模型提供模型服务，以生成对应的预测。

　　然而，这次我们发现了一个性能瓶颈，因为后续每个步骤(例如，模型选择和模型服务)何时开始都取决于其先前步骤的完成时间。在该例子中，我们有一个长时间运行的模型训练步骤，必须先完成该步骤，然后才能继续下一步。

　　如果可以完全排除需要长时间运行的模型训练步骤会怎样呢？一旦这样做了，其余的模型训练步骤将拥有一致的完成时间。因此，我们可以执行工作流中的其余步骤，而无需等待正在运行的某个步骤。更新后的工作流如图 5-15 所示。

在排除长时间运行的模型训练步骤后，其余模型训练步骤将具有一致的完成时间。因此，我们可以执行工作流中的其余步骤，而无需等待正在运行的某个步骤

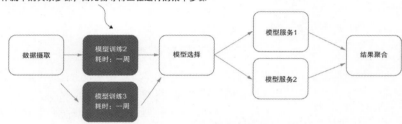

图 5-15　移除了长时间运行的模型训练步骤后的新工作流

　　这种简单的方法可能解决了因步骤长时间运行而需要额外等待的问题。但是，我们最初的目标是利用这种复杂的工作流来试验不同的机器学习模型架构和这些模型的不同超参数集合，以选择性能最佳的模型用于模型服务。如果我们简单地排除掉长时间运行的模型训练步骤，那么实际上就放弃了探索能够更好地捕获视频中实体的高级模型的机会。

　　是否有更好的方法来加快工作流，使其不受此单个步骤的持续时间的影响呢？让我们重点关注那些仅需花费一周时间就能完成的模型训练步骤。当这些短期运行的模型训练步骤完成后，我们能做些什么呢？

　　当一个模型训练步骤完成后，我们就成功获得了一个训练好的机器学习模型。事实上，我们可以立即将这个训练好的模型用于我们的模型服务系统，而无需等待其余的模型训练步骤完成。这样一来，用户可以在我们完成工作流中的某个步骤并训练出一个模型后，立即看到他们的模型服务请求中视频所对应的实体标记的结果。该工作流的示意图如图 5-16 所示。

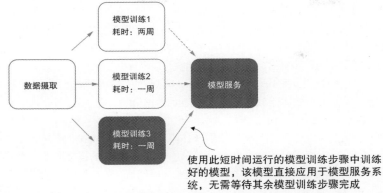

图 5-16　一个工作流，其中将一个通过短时间运行的模型训练步骤训练好的模型
直接应用于模型服务系统，无需等待其余的模型训练步骤完成

第二个模型训练步骤完成后，我们可以将两个训练好的模型直接传递给模型服务系统。如图 5-17 所示，将聚合后的推理结果，而不仅仅是我们最初获得的单个模型的推理结果呈现给用户。

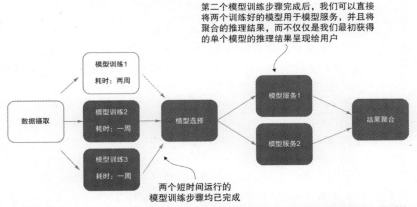

图 5-17　第二个模型训练步骤完成后，我们直接将两个训练好的模型传递给模型服务。将系统聚合的推理结果，而不仅仅是我们最初获得的单个模型的推理结果呈现给用户

虽然我们可以继续使用训练好的模型进行模型选择和模型服务，但需要长时间运行的模型训练步骤仍在运行中。也就是说，这些步骤是异步执行的，它们不依赖于彼此的完成情况。工作流在前一个步骤完成之前就已经开始执行下

一个步骤。

顺序方式一次执行一个步骤，只有当其中一个步骤完成后，下一个步骤才会继续。这也就意味着必须等待前一个步骤完成才能进入下一个步骤。例如，必须完成数据摄取步骤后，我们才能开始执行模型训练步骤。

与异步执行的步骤相反，一旦步骤间相互依赖的条件得到满足，同步执行的步骤就可以同时开始运行。例如，一旦前面的数据摄取步骤完成，模型训练步骤就可以同时并行运行。不同的模型训练步骤之间不必相互等待。当你有多个可以并发运行并且可以几乎同时完成的相似工作流步骤时，同步模式非常有用。

通过结合这些模式，整个工作流将不再被长时间运行的模型训练步骤所阻塞。相反，它可以继续使用模型服务系统中短时间运行的模型训练步骤已经训练好的模型，直接处理用户的模型服务请求。

同步和异步模式在其他分布式系统中也非常有用，它们可以优化系统性能并最大限度地利用现有计算资源，尤其是当计算资源量有限时。我们将在 9.4.1 节中应用此模式。

5.3.3　讨论

通过混合同步和异步模式，我们可以创建更高效的机器学习工作流，避免了由于某个步骤长时间阻塞(例如，长时间运行的模型训练步骤)而导致的延迟。然而，通过短时间运行的模型训练步骤训练出的模型可能不是非常准确。也就是说，简单架构的模型可能不会像长时间训练的模型那样，能够识别出视频中那么多的实体(如图 5-18 所示)。

因此，我们早期获得的模型可能不是最好的，它只能够标记少量实体，这可能无法满足用户的需求。

当我们将这种端到端工作流部署到实际的应用程序中时，需要考虑用户是更希望能快速得到推理结果，还是更希望得到好的推理结果。如果目标是让用户在新模型可用时尽快得到推理结果，他们可能就无法得到所期望的更准确的结果。然而，如果用户能够容忍一定时间的延迟，最好是等待更多模型训练步骤完成。然后，我们可以选择性地挑选我们训练出的性能最佳模型，使其能提供非常好的实体标记结果。用户能否接受延迟取决于他们的实际需求。

图 5-18　通过两个短期模型训练步骤训练出的模型，这两个步骤使用了非常简单的模型作为
基线。它们只能识别少量实体，而从最耗时的步骤中训练出的模型能够识别更多实体

通过使用同步和异步模式，我们可以从架构和计算的角度编排机器学习工作流中的步骤。因此，数据科学团队可以减少等待工作流完成的时间以最大限度地提高性能，从而降低基础设施成本并减少闲置的计算资源。在下一节中，我们将介绍现实中经常使用的另一种模式，它可以节省更多计算资源并加快工作流的运行速度。

5.3.4　练习

1. 模型训练步骤中各个步骤的开始时间取决于什么？
2. 如果步骤异步运行，它们会相互阻塞吗？
3. 在决定是否要尽早使用可用的模型时，我们需要考虑哪些因素？

5.4　步骤记忆化模式：通过使用缓存跳过重复冗余的步骤

通过使用工作流中的扇入和扇出模式，系统能够执行复杂的工作流，训练多个机器学习模型并选择性能最佳的模型，以便在模型服务系统中提供精确的实体标记结果。我们在本章中看到的工作流仅包含一个数据摄取步骤。也就意味着工作流中的数据摄取步骤始终先执行，然后才能开始执行其余的步骤(例如，模型训练和模型服务步骤)。

遗憾的是，在实际的机器学习应用中，数据集并不总是保持不变的。现在假设每周都有新的 YouTube 视频被添加到 YouTube-8M 数据集中。按照现有的工作流架构，如果我们想要重新训练模型，以便它能够考虑到定期新增的视频，就需要定期从头开始运行整个工作流(从数据摄取步骤到模型服务步骤)，如图 5-19 所示。

图 5-19　每次数据集更新时重新执行整个工作流的示意图

假设数据集没有改变，但我们想尝试使用新的模型架构或新的超参数集，这对机器学习从业者来说是非常常见的(如图 5-20 所示)。例如，我们可能会将模型架构从简单的线性模型更改为更复杂的模型，例如基于树或卷积神经网络的模型。我们也可以坚持使用之前已经使用过的特定模型架构，只更改模型超参数集合，例如，修改神经网络模型的层数和每个层中的隐藏单元数或基于树的模型中每棵树的最大深度。对于这些情况，我们仍然需要运行端到端的工作流，其中包括从头开始从原始数据源重新摄取数据的数据摄取步骤。而再次执行数据摄取步骤是非常耗时的。

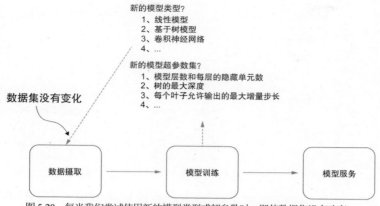

图 5-20 每当我们尝试使用新的模型类型或超参数时，即使数据集没有改变，
整个工作流也需要重新执行

5.4.1 问题

机器学习工作流通常从数据摄取步骤开始。如果数据集定期更新，我们可能需要重新运行整个工作流，以训练出一个考虑到新数据的新机器学习模型。为此，我们需要每次都重新执行数据摄取步骤。即使数据集未更新，但我们想尝试使用新的模型参数，仍然需要重新执行整个工作流，其中也包括了数据摄取步骤。但是，数据摄取步骤具体取决于数据集的大小，它可能需要花费很长时间才能完成。有没有办法让这个工作流更加高效呢？

5.4.2 解决方案

考虑到数据摄取步骤通常非常耗时，我们不希望在每次运行工作流时都重新执行它来重新训练或更新我们的实体标记模型。首先，思考一下这个问题出现的根本原因。YouTube 视频的数据集会定期更新，新数据会定期持久化到数据源中(例如，每月一次)。

目前在两种情况下需要重新执行整个机器学习工作流：

1. 数据集更新后，重新运行工作流以使用更新后的数据集来训练新模型。

2. 我们希望使用已经摄取的数据集(可能还没有更新)来试验新的模型架构。

目前的根本问题在于数据摄取步骤非常耗时。并且在当前的工作流架构中，无论数据集是否更新，都需要执行数据摄取步骤。

理想情况下，如果数据集没有更新，我们不希望重新摄取已经收集的数据。

也就是说，只有当我们知道数据集已经更新时，才重新执行数据摄取步骤，如图 5-21 所示。

图 5-21　当数据集尚未更新时，跳过数据摄取步骤

现在的挑战在于如何确定数据集是否更新。一旦我们找到了识别方法，就可以有条件地重建工作流，并能够控制是否要重新执行数据摄取步骤(如图 5-21 所示)。

识别数据集是否已更新的一种方法是使用缓存。由于我们的数据集按照固定的时间表定期更新(例如，每月一次)，因此可以创建一个基于时间的缓存，用于存储已经摄取和清洗的数据集(假设数据集位于远程数据库中)并记录最后更新的时间戳。然后，根据最后更新的时间戳是否在特定时间窗口内，决定是否执行数据摄取步骤。例如，假设时间窗口设置为两周，即使摄取的数据在过去两周内被更新，我们仍然认为当前数据是新的。而后将跳过数据摄取步骤，并且接下来的模型训练步骤将使用缓存中已摄取的数据集。

图 5-22 描述了触发工作流的情况，我们通过访问缓存来检查数据在过去两周内是否被更新。如果当前数据仍然是新的，就跳过不必要的数据摄取步骤，直接执行模型训练步骤。

在判定数据集是否足够新并可以直接用于模型训练而不需要从头开始重新摄取数据时，时间窗口可用于控制缓存的过期时间。

或者，我们可以将一些关于数据源的重要元数据存储在缓存中，例如，当前可用的原始数据源中的记录数。这种类型的缓存被称为基于内容的缓存，因为它存储从特定步骤中提取的信息，如输入和输出信息。通过使用这种类型的缓存，我们可以识别数据源是否发生了显著变化(例如，数据源中原始记录的数量增加了一倍)。如果数据发生显著变化，这通常是重新执行数据摄取步骤的信号，因为这意味着当前数据集已经非常旧了。图 5-23 展示了该方法对应的工作流。

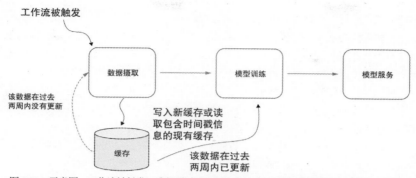

图 5-22　示意图：工作流被触发，我们通过访问缓存来检查近两周内数据是否有更新。如果当前数据仍然是新的，我们就跳过不必要的数据摄取步骤，直接执行模型训练步骤

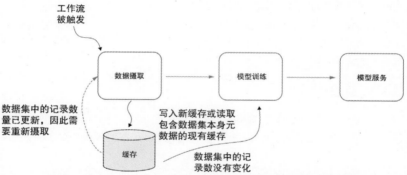

图 5-23　示意图：工作流被触发，我们检查从数据集中收集的元数据(如记录数)是否发生了显著变化。如果变化不显著，我们就跳过不必要的数据摄取步骤，直接执行模型训练步骤

　　这种使用缓存来决定是否应执行或跳过步骤的模式称为步骤记忆化模式。通过将步骤记忆化，工作流可以识别出那些具有重复冗余工作负载的步骤，可以直接跳过而无需重新执行这些步骤，从而大大加快端到端工作流的执行速度。我们将在 9.4.2 节中应用此模式。

5.4.3　讨论

　　在实际的机器学习应用中，除了数据摄取之外，还有许多工作负载计算量大且耗时。例如，模型训练步骤使用大量计算资源来实现高性能训练，有时可能需要花费几周的时间才能完成。如果我们只是试验其他不需要更新模型的组件，那么避免重复执行模型训练步骤是有意义的。在决定是否可以跳过繁重且冗余的步骤时，步骤记忆化模式非常有用。

如果我们正在创建基于内容的缓存，那么决定提取和存储哪些类型的信息并不是一件容易的事。例如，如果我们尝试缓存模型训练步骤的结果，可能需要考虑使用训练好的模型制品，这包括了模型的类型和模型的超参数集等信息。当再次执行工作流时，它将根据我们使用的模型是否相同来决定是否重新执行模型训练步骤。或者，我们可以存储模型性能统计信息(如准确性、均方误差等)，以确定它是否超出阈值且值得再训练一个性能更高的模型。

此外，在实际应用步骤记忆化模式时，请注意需要对它做一定的维护工作来管理所创建的缓存的生命周期。例如，如果每天运行 1,000 个机器学习工作流，并且每个工作流平均需要记忆 100 个步骤，那么每天将创建 100,000 个缓存。根据它们存储的信息类型，这些缓存需要占用一定的空间，并且可能会快速累积。

为了大规模应用这种模式，必须有垃圾回收机制来自动删除不必要的缓存，以防止缓存的累积占用大量磁盘空间。例如，一种简单的策略是记录缓存最后一次命中并被工作流中某个步骤使用的时间戳，然后定期扫描现有缓存以清理那些长时间未使用或未命中的缓存。

5.4.4 练习

1. 哪种类型的步骤最能从步骤记忆化中受益？

2. 如果某个步骤的工作流被触发再次运行，我们如何判断是否可以跳过该步骤？

3. 为了大规模应用步骤记忆化模式，我们需要如何进行管理和维护？

5.5 习题答案

5.2 节

1. 不可以，因为我们无法保证这些步骤的并发副本将以什么顺序运行。

2. 训练集成模型取决于完成子模型的其他训练步骤。我们不能使用扇入模式，因为集成模型训练步骤需要等待其他模型训练完成后才能开始运行，这将需要一些额外的等待时间并延迟整个工作流。

5.3 节

1. 由于现有机器学习工作流中每个模型训练步骤的完成时间存在差异，因此后续每个步骤(例如，模型选择和模型服务)的开始时间取决于上一个步骤的完成时间。

2. 异步步骤不会相互阻塞。

3. 我们需要从用户的角度考虑是否要尽早使用任何可用的模型。我们应该思考，对于用户来说，是更快地看到推理结果更重要，还是看到更好的结果更重要。如果目标是让用户在新模型可用时尽快看到推理结果，那么这些结果可能不够好或达不到用户的预期。而如果用户可以接受一定的延迟，那么最好能够等待更多的模型训练步骤完成。这样，用户就可以在训练好的模型中，选择性能最佳的模型，从而得到非常好的实体标记结果。

5.4 节

1. 耗时长或需要大量计算资源的步骤。

2. 我们可以使用存储在缓存中的信息(例如，缓存最初创建的时间或元数据)来决定是否应该跳过某些步骤的执行。

3. 我们需要建立垃圾回收机制，用于自动回收和删除创建的缓存。

5.6 本章小结

- 工作流是机器学习系统中的重要组成部分，因为它连接机器学习系统中的所有组件。机器学习工作流可以简单到仅包含数据摄取、模型训练和模型服务这几个链式步骤。
- 扇入和扇出模式可以被整合到复杂的工作流中，使其保持可维护性和可组合性。
- 同步和异步模式借助并发特性加速了机器学习工作流。
- 步骤记忆化模式通过跳过重复的步骤来提高工作流的性能。

第**6**章
运维模式

本章内容
- 了解机器学习系统的优化手段，例如，作业调度和元数据管理
- 使用公平共享调度(Fair-Share Scheduling)、优先级调度(Priority Schedu-ling) 和 Gang 调度(Gang Scheduling)等调度技术防止资源匮乏并避免死锁
- 通过使用元数据模式更有效地处理故障，以减少对用户的负面影响

    在第 5 章中，我们重点讨论了机器学习工作流以及在实践中构建它们所面临的挑战。工作流是机器学习系统中的重要组成部分，因为它连接系统中的所有组件。机器学习工作流可以简化成仅包含数据摄取、模型训练和模型服务这几个链式步骤。在处理实际场景时，它也可能变得非常复杂，需要执行额外的步骤并进行性能优化来成为整个工作流的一部分。

    了解我们在做出设计决策以满足特定业务和性能需求时可能遇到的权衡是至关重要的。我之前介绍了一些在业界普遍采用的成熟模式。每个模式都可以被复用来从简单到复杂构建高效且可扩展的机器学习工作流。例如，我们学习了如何使用扇入和扇出模式构建一个系统来执行复杂的机器学习工作流(5.2节)。该系统可以训练多个机器学习模型并选择性能最佳的模型来提供良好的实体标记结果。我们还使用同步和异步模式来提高机器学习工作流的效率，并避免由于长时间运行的模型训练步骤阻塞其他步骤而导致出现延迟(5.3 节)。

    由于现实中的分布式机器学习工作流可能非常复杂，如第 5 章所示，涉及大量的运维操作来维护和管理系统的各个组件，例如，提高系统效率、可观察性、监控、部署等。这些运维工作通常需要 DevOps 和数据科学团队之间进行

大量沟通和协作。例如，DevOps 团队在调试遇到的问题或优化底层基础设施以加速机器学习工作流时可能缺乏数据科学团队所使用的机器学习算法相关的领域知识。对于数据科学团队来说，工作负载的类型取决于团队结构和团队成员的协作方式。因此，DevOps 团队没有通用的方法来处理数据科学团队对不同工作负载的请求。

幸运的是，运维模式可用于大大加速端到端的工作流。在系统准备好投入生产之前，它还可以减少工程团队与数据科学家或机器学习开发团队合作时产生的维护和沟通成本。

在本章中，我们将探讨在实践中对机器学习系统执行操作时遇到的一些挑战，并介绍一些常用的模式。例如，当多个团队成员在计算资源有限的同一集群中协同工作时，我们将使用调度算法来防止资源匮乏并避免死锁。我们还将讨论元数据模式的好处，它可以帮助我们深入了解机器学习工作流中的各个步骤，让我们更恰当地处理故障，以减少对用户的负面影响。

6.1　机器学习系统中运维的基本概念

在本章中，我将重点介绍机器学习工作流中多个组件或步骤采用的常见运维技术和模式。例如，图 6-1 所示的工作流包括在数据摄取之后进行的多模型训练步骤中和多模型训练步骤之后进行的多模型服务步骤中出现的三个失败步骤。但每一个步骤都像一个黑盒，我们还不了解它们的许多细节。目前，我们只知道它们是否失败以及这些失败是否影响了后续步骤。因此很难对它们进行调试。

我在本章中介绍的运维模式可以提高整个工作流的可观测性，帮助我们了解失败的根本原因，并为我们提供一些正确处理失败的思路。此外，可观测性的提高可以帮助我们改进系统并提高效率，这有利于未来执行类似的工作流。

> **MLOps 的基本概念**
>
> 我们经常听到 MLOps 这个词，这是一个源自机器学习和运维的术语。它通常指的是一系列在生产环境中管理机器学习生命周期的方法，包括机器学习和 DevOps，以便我们高效且可靠地部署和管理生产环境中的机器学习模型。
>
> MLOps 通常需要 DevOps 和数据科学团队之间沟通协作。它专注于提高生产环境中机器学习的质量，并在保持业务需求的同时实现自动化。MLOps 的范围可能非常广泛，并根据不同的上下文发生变化。

该工作流中的三个步骤失败了，但我们仅通过观察
更高层次的工作流，并不能知道失败的根本原因

我们不知道失败的根本原因。可能是连接数据库
失败了，或者是模型训练的工作节点内存不足

图 6-1　一个示例工作流，其中在数据摄取之后进行的多模型训练步骤和在多模型训练步骤之后
进行的多模型服务步骤。请注意其中的三个失败步骤。

鉴于 MLOps 的范围非常广泛，我将把重点放在一些成熟的模式上。随着这一领域的发展，未来我会对本章内容进行更新。

6.2　调度模式：在共享集群中有效分配资源

假设我们已经成功建立了分布式基础设施，用户可以提交分布式模型训练作业，这些作业由默认调度程序安排在多个 CPU 上运行。调度程序负责分配计算资源来执行系统请求的任务。它的设计目的是保持计算资源繁忙，并允许多个用户更轻松地使用共享资源进行协作。针对不同场景多个用户尝试使用集群中的共享计算资源来构建模型。例如，一名用户正在开发一种欺诈检测模型，该模型负责识别国际洗钱等欺诈性金融行为。另一名用户正在开发一个状态监测模型，该模型能够生成健康评分来表示工业资产(如火车、飞机、风力涡轮机上的部件)的当前状况。

我们的初始基础设施只提供了一个简单的调度程序，它按照先到先服务的原则来调度作业，如图 6-2 所示。例如，在调度第二个作业之后调度第三个作业，并且每个作业的计算资源在调度时进行分配。

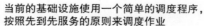

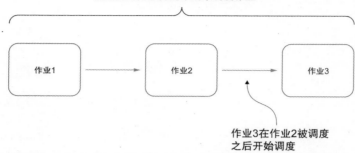

图6-2　简单调度程序的基础架构图，该调度程序按照先到先服务的原则来调度作业

　　也就是说，后提交的作业必须等待所有之前提交的作业完成调度后才能开始执行其作业调度。但在实际应用中，用户通常希望提交多个模型训练作业来试验不同的模型集或超参数。提交多个模型训练作业会阻止其他用户的模型训练作业执行，因为之前提交的作业已经占用了所有可用的计算资源。

　　在这种情况下，用户必须抢占资源(例如，在半夜提交模型训练作业，因为那时候使用系统的用户较少)。这样的话团队成员之间的协作可能并不那么愉快。有些作业需要训练非常大的模型，这通常会消耗大量计算资源，从而增加了其他用户的等待时间。

　　此外，如果我们只将训练作业调度到部分工作节点上，则需要等待该作业的所有工作节点准备就绪后，才开始执行模型训练；因为分布式训练的本质是使用集合通信模式。如果缺乏必要的计算资源，作业将永远无法启动，而且已经分配给现有工作节点的计算资源也将被浪费。

6.2.1　问题

　　我们建立了一个分布式基础设施，用户可以提交由默认调度程序调度运行的分布式模型训练作业，该调度程序负责分配计算资源来执行用户请求的各种任务。然而，这个默认调度器仅提供了一个基于先到先服务原则的简单调度程序。因此，当多个用户尝试使用该集群时，他们通常需要等待很长时间才能获得可用的计算资源——即需要等待之前提交的所有作业完成调度。此外，由于分布式训练策略(如集合通信策略)的特性，分布式模型训练作业在所有请求的工作节点准备就绪之前无法开始执行。是否有一种替代现有默认调度程序的方案，以便我们可以在共享集群中更有效地分配计算资源?

6.2.2 解决方案

在我们的场景中,当多个用户同时尝试向系统提交分布式模型训练作业时,问题就开始出现。由于作业是基于先到先服务的原则执行的,所以即使这些作业是由多个用户提交的,后提交的作业其等待时间也会很长。

识别不同的用户非常容易,因此直观的解决方法是限制分配给每个用户的计算资源量。例如,假设有四个用户(A、B、C 和 D)。一旦用户 A 提交的作业使用了总可用 CPU 时钟周期的 25% (https://techterms.com/definition/clockcycle),他们就无法提交另一个作业,直到这些分配的资源被释放并准备好分配给新的作业。其他用户可以不依赖用户 A 使用的资源量提交作业。例如,如果用户 B 启动两个使用了相同资源量的进程,则这两个进程将分别获得总 CPU 时钟周期的 12.5%,从而为用户 B 提供总 CPU 时钟周期的 25%。其他每个用户仍然获得总 CPU 时钟周期的 25%。图 6-3 阐述了这四个用户的资源分配情况。

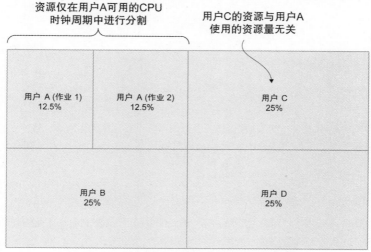

图6-3 四个用户(A、B、C、D)的资源分配情况

如果新用户 E 在系统上启动进程,调度程序将重新分配可用的 CPU 时钟周期,以便每个用户获得总 CPU 时钟周期的 20% (100% / 5 = 20%)。我们在图 6-3 中展示的通过集群调度工作负载的方式称为公平共享调度。这是一种计算机操

作系统所用的调度算法，它将 CPU 使用率在系统用户或用户组之间平均分配，而不是平均分配给每个进程。

到目前为止，我们只讨论了如何在用户之间划分资源。当多个团队使用该系统来训练他们的机器学习模型，并且每个团队有多个成员时，我们可以将用户分为不同的组，然后将公平共享调度算法应用于用户和组。具体来说，我们首先在组间划分可用的 CPU 时钟周期，然后在每个组内的用户之间进一步划分。例如，如果三个组分别包含三个、两个和四个用户，则每个组将能够使用总可用 CPU 时钟周期的 33.3% (100% / 3)。然后，我们可以按照以下方式计算各个组中各个用户的可用 CPU 时钟周期:

- 第一组 —— 33.3% / 三个用户 = 每个用户 11.1%
- 第二组 —— 33.3% / 两个用户 = 每个用户 16.7%
- 第三组 —— 33.3% / 四个用户 = 每个用户 8.3%

图 6-4 总结了我们为三个组中的每个用户计算的资源分配比例。

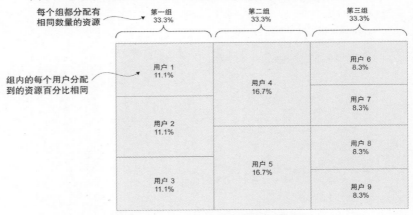

图 6-4 三个组中每个用户的资源分配情况

公平共享调度将帮助我们解决多个用户同时运行分布式训练作业的问题。我们可以在各种抽象层级上应用这种调度策略，如进程、用户、用户组等。所有用户都有自己的可用资源池，互不干扰。

然而，在某些情况下，某些作业可能需要提前执行。例如，集群管理员可能需要提交集群维护作业，比如删除长期阻塞且占用资源的作业。提前执行这些集群维护作业将有助于释放更多的计算资源，从而避免阻塞其他新提交的作业。

假设集群管理员是第一组中的用户 1，另外两个非管理员用户也在第一组，如前面的示例所示。用户 2 正在运行作业 1，该作业使用了基于公平共享调度算法所分配 CPU 时钟周期的 11.1%。

即使用户 2 具有足够强的计算能力来执行作业 1，该作业能否执行也取决于用户 3 的作业 2 是否成功执行。例如，用户 3 的作业 2 在数据库中生成一个表，作业 1 需要使用这张表来执行分布式模型训练任务。图 6-5 总结了第一组中每个用户的资源分配和使用情况。

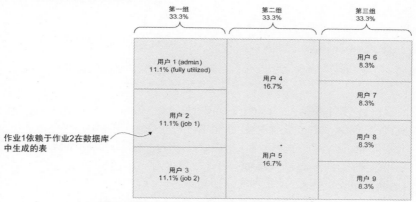

图 6-5　第一组中每个用户的资源分配和使用情况

不巧的是，作业 2 由于数据库连接不稳定阻塞了，并不断尝试重新连接以生成作业 1 所需的数据。为了解决这个问题，管理员需要提交作业 3，该作业会终止并重新启动阻塞的作业 2。

现在假设管理员用户 1 已经使用了总可用 CPU 时钟周期的 11.1%。因此，由于维护作业 3 的提交时间晚于所有之前提交的作业，因此它会被添加到作业队列中，并等待资源释放后，基于公平共享调度算法的先到先服务原则执行。这样带来的结果是产生了死锁，任何作业都无法执行，如图 6-6 所示。

为了解决这个问题，我们可以允许用户为每个作业分配优先级，以便优先执行具有较高优先级的作业，这与公平共享调度算法的先到先服务原则相反。此外，如果没有足够的计算资源可用，已经运行的作业可以被抢占或驱逐，以便为具有更高优先级的作业腾出空间。这种基于优先级来调度作业的方式称为优先级调度。

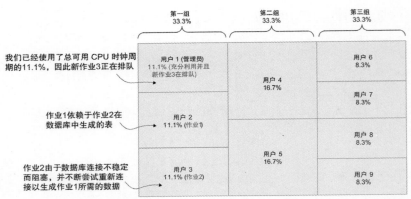

图 6-6　第一组中的管理员用户(用户 1)尝试调度作业来重新启动阻塞的作业(作业 3)，但遇到了死锁，任何作业都无法继续执行

例如，四个作业(A、B、C 和 D)同时被提交。每个作业都被用户标记了优先级。作业 A 和 C 为高优先级，作业 B 为低优先级，作业 D 为中等优先级。使用优先级调度时，作业 A 和 C 先执行，因为它们具有最高优先级，然后执行中等优先级的作业 D，最后执行低优先级的作业 B。图 6-7 展示了使用优先级调度时四个作业(A、B、C 和 D)的执行顺序。

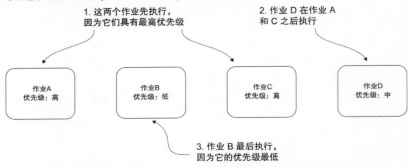

图 6-7　采用优先级调度时，四个同时提交的作业(A、B、C 和 D)的执行顺序

让我们考虑另一个例子。类似于前面的例子，假设同时提交了三个具有不同优先级的作业(B、C 和 D)，并根据其优先级执行。如果在低优先级的作业 B 开始运行后，再提交另一个高优先级的作业(作业 A)，那么作业 B 将被抢占，然后作业 A 开始运行。之前分配给作业 B 的计算资源将被释放并由作业 A 接管。图 6-8 总结了四个作业(A、B、C 和 D)的执行顺序，其中已经运行的低优

先级作业 B 被具有更高优先级的新作业(作业 A)抢占。

通过优先级调度，我们可以有效地消除之前作业按照先到先服务原则顺序执行时遇到的问题。现在，作业可以被抢占，以便高优先级任务优先执行。

然而，对于分布式机器学习任务(特别是模型训练任务)，我们希望确保所有工作节点在开始进行分布式训练之前都已准备就绪。否则，已经就绪的节点将等待其余节点就绪后才能开始训练，这会造成资源的浪费。

例如，在图 6-9 中，同一进程组中的三个工作进程正在执行 allreduce 操作。然而，由于底层分布式集群网络不稳定，两个工作节点还没有准备就绪。因此，两个受影响的进程(进程 1 和 3)将无法及时接收到一些计算好的梯度值(v_0 和 v_2)(如图 6-9 中的问号所示)，并且整个 allreduce 操作会阻塞，直到接收到所有数据。

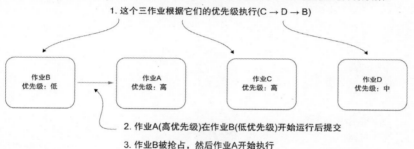

图 6-8　四个作业(A、B、C 和 D)的执行顺序，其中正在运行的低优先级作业被具有更高优先级的作业抢占

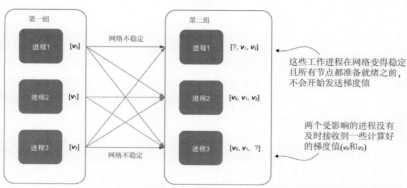

图 6-9　allreduce 进程的示例，其中工作进程之间的网络不稳定，导致整个模型训练过程阻塞

Gang 调度通常用于运行分布式模型训练任务。它确保如果两个或多个工作

节点之间需要相互通信，它们需要同时准备就绪以便进行通信。换句话说，Gang调度仅在有足够的工作节点可用并都准备就绪进行通信时，才将作业调度到这些节点上。

如果不使用 Gang 调度，可能会出现一个工作节点在等待发送或接收消息时，另一个工作节点却处于休眠状态，反之亦然。当工作节点在等待其他节点准备就绪以进行通信时，已就绪节点上分配的资源就会被浪费，并且整个分布式模型训练任务被阻塞。

例如，在基于集合通信的分布式模型训练任务中，所有工作节点必须准备好传输梯度并更新每个节点的模型以完成 allreduce 操作。假设机器学习框架还不支持弹性调度，这一点我们将在下一节中讨论。如图 6-10 所示，由于梯度还没有到达第二个工作组中的任一工作进程，所有梯度都用问号表示。所有工作进程还没有开始发送梯度，直到网络稳定后它们全部进入就绪状态后才开始发送。

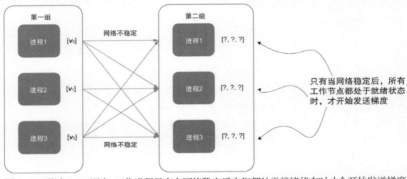

图 6-10　通过 Gang 调度，工作进程只有在网络稳定后它们都处于就绪状态时才会开始发送梯度

通过 Gang 调度，我们可以确保在所有工作节点准备就绪之前，不会启动任何工作进程，这样它们就不会等待其余的工作节点准备就绪。这样就可以避免浪费计算资源。一旦网络稳定，在成功进行 allreduce 操作后，所有梯度(v_0、v_1和v_2)都会到达每个工作进程，如图 6-11 所示。

注意：
本书不涉及不同类型的 Gang 调度及其算法的细节，因此不在这里讨论它们。然而，在本书的最后一部分，我们将使用现有的开源框架将 Gang 调度集成到分布式训练中。

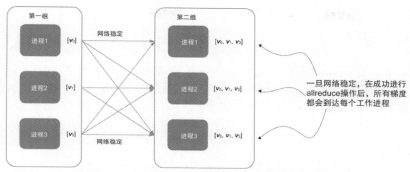

图 6-11　一旦网络稳定，在成功进行 allreduce 操作后，所有梯度都会到达每个工作进程

通过整合不同的调度模式，我们能够解决当多个用户使用基础设施来调度不同类型的作业时出现的各种问题。尽管我们只研究了这些调度模式的几个特定用例，但这些模式可以在许多资源管理系统中见到，特别是在资源稀缺的情况下。许多调度技术甚至被应用于底层的操作系统，以确保应用程序高效运行并合理共享资源。

6.2.3　讨论

你已经了解到公平共享调度如何帮助我们解决多个用户同时运行分布式训练作业的问题。公平共享调度能够让我们在各种抽象层级上(例如：进程、用户、用户组等)应用调度策略。我们还讨论了优先级调度，它可以有效地解决作业只能按照先到先服务的原则顺序依次执行的问题。优先级调度能够让作业根据优先级执行，通过抢占低优先级作业，为高优先级作业腾出空间。

通过优先级调度，如果集群被大量用户使用，恶意用户可能会以尽可能高的优先级创建作业，从而导致其他作业被驱逐或根本无法调度。为了应对这个潜在问题，现实中集群管理员通常会强制执行某些规则并施加限制，以防止用户创建大量高优先级作业。

我们还讨论了 Gang 调度，它确保了如果两个或多个工作节点需要相互通信，它们需要同时准备就绪以便进行通信。Gang 调度对于基于集合通信的分布式模型训练作业特别有帮助，所有工作节点都需要准备好传递计算后的梯度，以避免浪费计算资源。

一些机器学习框架支持弹性调度(参考第 3 章)，它允许分布式模型训练作业在不需要等待所有工作节点都准备就绪的情况下就开始训练。在这种情况下，

Gang 调度并不适用，因为我们需要等待所有工作节点都准备就绪。相反，我们可以通过使用弹性调度在模型训练方面取得重大进展。

由于模型训练过程中工作节点的数量可能会发生变化，因此 batch size(每个工作节点上的 mini-batch 大小之和)会影响模型训练的准确性。在这种情况下，需要对模型训练策略进行额外的修改。例如，我们可以使用自定义的学习率调度程序，该调度程序根据迭代轮次，或根据工作节点的数量动态调整 batch size。结合这些算法的改进，我们可以更合理地分配和利用现有的计算资源，从而提升用户体验。

在实践中，分布式模型训练作业极大地从 Gang 调度等调度模式中受益，从而避免了浪费计算资源。然而，我们可能忽略的一个问题是，这些经过 Gang 调度的工作进程中的任何一个进程都有可能失败，从而导致出现意想不到的后果，我们通常很难对这类故障进行调试。在下一节中，我将介绍一种能够使调试和处理故障变得容易的模式。

6.2.4　练习

1. 我们是否只能在用户级别使用公平共享调度？
2. Gang 调度是否适合所有的分布式模型训练作业？

6.3　元数据模式：合理处理故障，最小化对用户的负面影响

当构建仅包含数据摄取、模型训练和模型服务的基本机器学习工作流时，每个组件在工作流中只作为单独的步骤出现一次，一切看起来都非常简单明了。每个步骤按顺序执行直至完成。如果任何一个步骤失败了，我们可以从中断的地方继续执行。例如，假设模型训练步骤未能成功处理摄取的数据(例如，存储数据的数据库连接中断)。我们可以重试失败的步骤继续进行模型训练，而无需重新运行整个数据摄取步骤，如图 6-12 所示。

然而，当工作流变得更加复杂时，任何故障都变得难以处理。例如，第 5 章中的工作流通过三个模型训练步骤来训练模型，这些步骤的实体标记准确率不同。然后，模型选择步骤会从模型训练步骤中挑选出准确率至少为 90%的前两个模型，并在接下来的两个独立的模型服务步骤中使用它们。最后，通过聚合两个模型服务步骤的结果，将其呈现给用户。

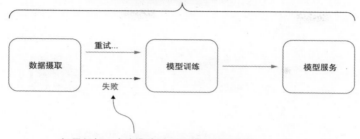

图 6-12　模型训练步骤未能成功进行数据摄取的基线工作流。我们重试失败的步骤，并从失败的步骤中恢复以继续进行模型训练，而无需重新运行整个数据摄取步骤

现在让我们考虑这样一种情况：第二和第三个模型训练步骤都执行失败了(例如，分配给模型训练的一些工作节点被抢占了)。如果这两个模型训练步骤成功完成，它们将提供最准确和最不准确的模型，如图 6-13 所示。

此时，大家可能会认为我们应该重新运行这两个步骤以继续执行模型选择和模型服务步骤。然而，在实践中，由于我们已经花费一些时间训练了部分模型，不希望从头开始重新训练它们。这将使用户需要花费更长的时间才能看到最佳模型的聚合结果。有没有更好的方法来处理此类故障呢？

6.3.1　问题

对于复杂的机器学习工作流，例如第 5 章中讨论的工作流，我们想要训练多个模型，然后选择性能最佳的模型进行模型服务。在实践中，决定使用哪种策略来处理某些失败步骤并不简单。例如，当 2 / 3 的模型训练步骤由于工作节点被抢占而失败时，我们不希望从头开始训练这些模型，因为这将大大增加完成工作流所需的时间。我们如何适当地处理这些故障，从而最大程度地减少对用户的负面影响？

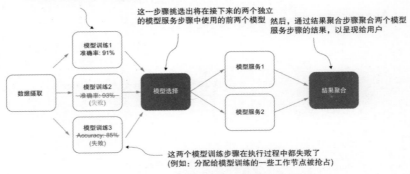

图 6-13　一个机器学习工作流，在标记实体时训练具有不同准确率的模型。模型选择步骤确定了准确率至少为 90% 的前两个模型，用于模型服务。由于这两个步骤未达到预期准确率而失败，它们的准确率被划掉。然后将两个模型服务步骤的结果聚合以呈现给用户

6.3.2　解决方案

当我们在机器学习工作流中遇到故障时，应该首先找到根本原因(例如，网络连接丢失、计算资源不足等)。找到问题根源十分重要，因为我们需要了解故障的本质，以评估重试失败步骤是否会有帮助。如果故障是由于长时间的资源不足导致的，通过多次重试这种故障很可能会重复出现，那么我们可以更好地利用当前的计算资源来运行一些其他任务。图 6-14 阐述了对永久性故障和临时性故障重试的效果差异。当我们在遇到永久性故障时重试模型训练步骤一般是无效的，并且会导致出现重复故障。

例如，在我们的例子中，应该首先检查模型训练步骤间的依赖关系是否得到满足，例如，上一步摄取的数据是否仍然可用。如果数据已经持久化到本地磁盘数据库中，我们就可以继续进行模型训练了。但是，如果数据位于内存中，并且在模型训练步骤失败时丢失，我们就无法在不重新摄取数据的情况下开始进行模型训练。图 6-15 展示了模型训练期间出现永久性故障时重新执行数据摄取步骤的过程。

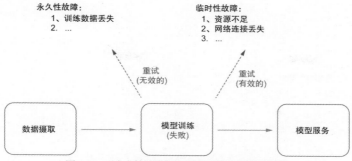

图 6-14　对永久性故障和临时性故障重试的效果差异

图 6-15　模型训练过程中出现永久性故障时重新启动数据摄取步骤的过程

　　同样地，如果模型训练步骤由于工作节点被抢占或内存不足而失败，我们需要确保能够分配足够多的计算资源来重新运行模型训练步骤。

　　然而，除非在工作流中每个步骤运行时有意识地记录其元数据，否则我们不会知道要分析哪些信息来确定根本原因。例如，对于每个模型训练步骤，我们可以在步骤失败之前记录与所摄取数据的可用性有关的元数据，以及确定计算资源(如内存和 CPU 使用率)是否超过了限制。

　　图 6-16 是模型训练步骤失败的工作流。在此步骤运行时，每隔五分钟收集一次内存使用情况(以兆字节为单位)和训练数据是否可用的元数据信息。我们注意到 30 分钟后内存使用量突然从 23 MB　飙升至 200 MB。在这种情况下，我们可以通过增加内存来重试这一步骤，然后成功生成一个训练好的模型，用于执行后续的模型服务步骤。

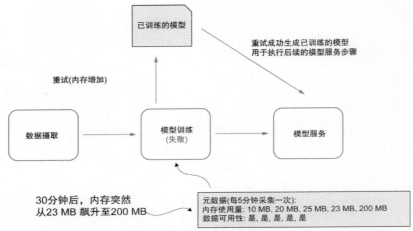

图6-16　模型训练步骤失败的示例，收集的元数据显示运行时出现意外的内存峰值

在实践中，对于如图6-13所示的复杂工作流，即使我们知道所有模型训练步骤的依赖关系都已满足(例如，我们有足够的计算资源和正常的数据库连接来访问数据源)，也应该考虑是否要处理这些故障以及如何处理它们。我们已经在训练步骤上花费了大量时间，但是现在，这些步骤突然失败了，也就意味着没有取得任何进展。我们不希望从头开始训练所有模型，因为这将会花费相当长的时间才能将模型的聚合结果交付给用户。有没有一种更好的方法来处理这个问题而不会对用户体验产生巨大影响呢？

除了为每个模型训练步骤记录的元数据之外，我们还可以保存更多有用的元数据，这些元数据可用于判断是否值得重新运行所有模型训练步骤。随着时间的推移，模型准确率表明模型是否得到了有效训练。

模型准确率保持稳定甚至下降(如图6-17所示，从30%下降到27%)可能表明模型已经收敛，继续训练将不会再提高模型准确率。在这个例子中，即使两个模型训练步骤失败了，也没有必要从头开始重试第三个模型训练步骤，因为这将导致模型快速收敛但准确率低。另一个可能有用的元数据是已完成的模型训练百分比(例如，如果我们已经迭代了所有请求的批次，则完成率为100%)。

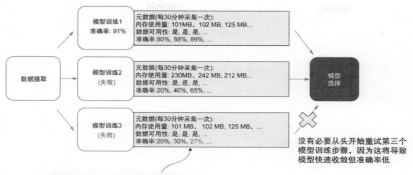

图6-17 两个模型训练步骤失败且其中一个模型准确率下降的示例工作流

一旦我们拥有了关于模型训练步骤的附加元数据，就可以知道每个已启动的模型训练步骤的进展情况。例如，对于图 6-18 中的工作流，我们可能提前得出结论，由于分配的计算资源量较少或模型架构复杂，第三个模型训练步骤进展非常缓慢(每 30 分钟仅完成 1%)。我们知道，鉴于时间有限，最终得到的模型很有可能准确率较低。因此，我们可以忽略此模型训练步骤，而将更多计算资源分配给其他更具潜力的模型训练步骤，从而更快地获得更准确的模型。

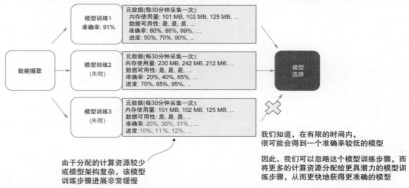

图6-18 两个模型训练步骤失败的示例工作流。其中一个被忽略，因为它进展非常缓慢，而且在有限的时间内模型的准确率可能会非常低

记录这些元数据可以帮助我们获得与端到端机器学习工作流中每个失败步骤相关的更多细节。然后，我们可以采用一个恰当的策略来处理失败的步骤，

以避免浪费计算资源并尽量减少对现有用户的影响。元数据模式为我们的工作流提供了可见性。如果定期运行大量工作流，它们还可以用于搜索、过滤和分析未来每个步骤中产生的模型制品。例如，我们可能希望根据历史训练指标来了解哪些模型性能良好，或者哪些数据集对这些模型贡献最大。

6.3.3　讨论

借助元数据模式，我们可以进一步深入了解机器学习工作流中的各个步骤。然后，如果任何一个步骤失败，我们可以按照对用户有利的方式做出响应，从而减少由于步骤失败而产生的负面影响。

一种常见的元数据类型是模型训练时的各种网络性能 (http://mng.bz/D4lR)指标(例如，带宽、吞吐量、延迟)。这类信息对于检测某些工作节点何时遇到网络性能不佳，从而阻塞整个训练过程非常有用。假设底层机器学习框架支持弹性调度和容错，我们就可以淘汰速度慢的工作节点并启动新的工作节点继续训练(参考第 3 章)。例如，在图 6-19 中，根据元数据，右侧的工作节点延迟极高(是其他工作节点延迟的 10 倍)，进而减慢了整个模型训练过程。理想情况下，该工作节点将被重启。

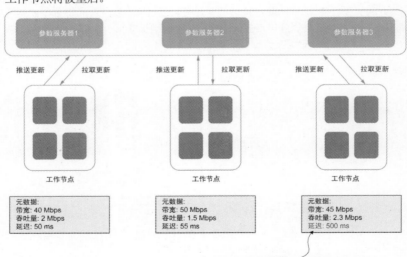

图6-19　基于参数服务器的模型训练示例，其中右侧的工作节点具有极高的延迟(是其他工作节点延迟的 10 倍)，这减慢了整个模型训练过程

将元数据模式引入机器学习工作流的另一个好处是使用记录的元数据来建立各个步骤之间或不同工作流之间的关系。例如，现代模型管理工具可以使用所记录的元数据来帮助用户构建已训练模型的谱系，并可视化对模型制品有所贡献的单个步骤或因素。

6.3.4　练习

1. 如果由于训练数据源丢失导致训练步骤失败，我们该怎么办？
2. 我们从单个工作节点或参数服务器中可以收集到哪些类型的元数据？

6.4　习题答案

6.2 节

1. 不，我们可以在各种抽象层级上应用此调度策略，例如进程、用户、用户组等。
2. 不，一些机器学习框架支持弹性调度，这允许分布式模型训练作业在不等待所有工作节点准备就绪进行通信的情况下，使用任何数量的可用工作节点开始运行。在这种情况下，Gang 调度不适用。

6.3 节

1. 我们应该在重试模型训练步骤之前重新运行数据摄取步骤，因为这种故障是永久性的，简单地重试会导致出现重复故障。
2. 在模型训练过程中可以收集各种网络性能指标(例如，带宽、吞吐量和延迟)。当我们想要检测工作节点何时遇到网络性能不佳从而导致整个训练过程阻塞时，这类信息非常有用。

6.5　本章小结

- 机器学习系统中存在与运维相关的多个领域的改进，例如，作业调度和元数据管理。
- 可以使用公平共享调度、优先级调度、Gang 调度等多种调度模式来防止出现资源不足并避免死锁。
- 我们可以通过收集元数据并分析机器学习工作流，从而更适当地处理故障，以减少对用户的负面影响。

第 III 部分

构建分布式机器学习工作流

如果你已经学习到了这里，那么恭喜你！你已经学习了许多可以在现实机器学习系统中使用的常见模式，并且了解了在决定将哪些模式应用到系统时，需要权衡的因素。

在本书的最后一部分，我们将构建一个端到端的机器学习系统来应用之前学到的知识。我们将通过这个项目获得实践经验，来实现许多之前学到的模式。我们将学习如何解决大规模的问题，并将笔记本电脑上开发的系统应用于大型分布式集群。

在第 7 章中，我们将介绍项目背景和系统组件。然后，逐一探讨这些组件带来的挑战，并分享我们面对这些挑战所应用的模式。第 8 章涵盖了四项技术(TensorFlow、Kubernetes、Kubeflow 和 Argo Workflows)的基本概念，并提供了每种技术的实践机会，为最终项目的实施做准备。

在本书的最后一章，我们将使用第 7 章设计的架构来实现端到端的机器学习系统。我们将完整地实现每个组件，并融入之前讨论过的模式。同时，使用在第 8 章学到的技术来构建分布式机器学习工作流的不同组件。

第 **7** 章

项目概述及系统架构

在前面的章节中，我们学习了如何选择和应用正确的模式来构建和部署分布式机器学习系统，从而获得管理和自动化机器学习任务的实践经验。第 2 章介绍了一些可以融入到数据摄取中的实用模式，这通常是分布式机器学习系统的第一个步骤，负责监控传入数据并执行必要的预处理步骤，以便为模型训练做准备。

在第 3 章中，我们探讨了分布式训练组件面临的一些挑战，并且介绍了一些可以整合到组件中的实用模式。分布式训练组件是分布式机器学习系统中最关键的部分，这也是该系统和一般分布式系统的区别所在。在第 4 章中，我们讨论了分布式模型服务系统所面临的挑战，并介绍了一些常用的模式。你可以使用副本服务来实现水平扩展，并使用分片服务模式来处理大型模型服务请求。你还学习了如何评估模型服务系统，并确定事件驱动设计在现实场景中是否能带来收益。

在第 5 章中，我们讨论了机器学习工作流，它是机器学习系统中最重要的组件之一，因为它连接了机器学习系统中的所有组件。最后，在第 6 章中，我们讨论了一些运维模式，当工程团队在系统投入生产之前与数据科学家或机器学习团队协作时，这些模式可以极大地加速端到端工作流并减少维护和沟通成本。

在本书的剩余章节中，我们将构建一个端到端的机器学习系统来应用我们之前学到的知识。你将获得实现我们之前讨论过的许多模式的实践经验，还将学习到如何解决大规模的问题，并将笔记本电脑上开发的系统应用于大型分布式集群。在本章中，我们将介绍项目背景和系统组件，然后讨论与组件相关的挑战，以及可以应用哪些模式来解决这些问题。

请注意，虽然我们不会在本章中深入探讨实现细节，但在剩余的章节中，我们将使用几种流行的框架和前沿技术，特别是 TensorFlow、Kubernetes、Kubeflow、Docker 和 Argo Workflows 来构建分布式机器学习工作流组件。

7.1　项目概况

在这个项目中，我们将构建一个图像分类系统，该系统从数据源下载原始图像，执行必要的数据清洗步骤，并在分布式 Kubernetes 集群中构建机器学习模型，然后将训练好的模型部署到模型服务系统中供用户使用。我们还希望建立一个高效且可复用的端到端工作流。接下来，我将介绍项目背景、系统架构和组件。

7.1.1　项目背景

我们将构建一个端到端的机器学习系统来应用我们之前学到的知识。首先，构建一个用于下载 Fashion-MNIST 数据集的数据摄取组件，以及一个用于训练和优化图像分类模型的模型训练组件。一旦最终模型训练完成，我们将构建一个高性能的模型服务系统，开始使用训练好的模型进行预测。

正如之前提到的，我们将使用多种框架和技术来构建分布式机器学习工作流组件。例如，我们将使用 TensorFlow 和 Python 在 Fashion-MNIST 数据集上构建分类模型并进行预测。然后使用 Kubeflow 在 Kubernetes 集群上进行分布式机器学习模型训练。最后，使用 Argo Workflows 构建一个机器学习流水线，其中包含了分布式机器学习系统的许多重要组件。这些技术的基础知识将在下一章中介绍，在第 9 章中深入了解项目的实施细节之前，你将获得使用这些技术的实践经验。在下一节中，我们将深入探究项目所涉及的系统组件。

7.1.2　系统组件

图 7-1 是我们将要构建的系统的架构图。首先，我们构建数据摄取组件，它负责使用第 2 章中讨论的一些模式来摄取数据并将数据集存储在缓存中。接下来，我们将构建三个不同的模型训练步骤，并结合第 3 章中讨论的集合通信模式来训练不同的模型。完成模型训练步骤后，我们将构建模型选择步骤，挑选出性能最佳模型。选定的最佳模型将用于接下来的两个模型服务步骤。在模型服务步骤执行结束时，我们汇总预测结果并呈现给用户。最后，我们希望确保所有这些步骤都是可重复运行的工作流的一部分，可以在任何环境中随时执行。

我们将根据图 7-1 中的架构图构建系统，并深入研究各个组件的细节。我们还将讨论一些模式，可用于解决构建这些组件时遇到的挑战。

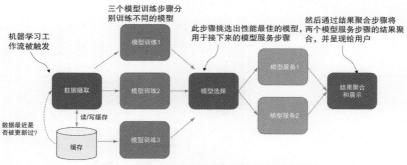

图 7-1　我们将要构建的端到端机器学习系统的架构图

7.2　数据摄取

在这个项目中，我们将使用 2.2 节中介绍的 Fashion-MNIST 数据集来构建数据摄取组件，如图 7-2 所示。该数据集由 60,000 个训练样本和 10,000 个测试样本组成。每个样本都是一张 28×28 灰度图像，代表与 10 个类别中的某个标签相关联的 Zalando 商品图像。回想一下，Fashion-MNIST 数据集旨在作为原始 MNIST 数据集的直接替代品，用于对机器学习算法进行基准测试。它有着相同的图像大小和相同的图像分割结构。

图 7-2　端到端机器学习系统中的数据摄取组件(深色框)

回顾一下，图 7-3 是 Fashion-MNIST 中所有 10 个类别商品(T 恤/上衣、裤子、套头衫、连衣裙、外套、凉鞋、衬衫、运动鞋、包和靴子)的图像集，其中每个类别商品在图像集中占三行。

每三行图像代表一个类别商品的示例图像。例如，前三行是T恤的图像

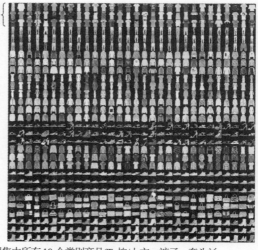

图 7-3　Fashion-MNIST 数据集中所有 10 个类别商品(T 恤/上衣、裤子、套头衫、连衣裙、外套、凉鞋、衬衫、运动鞋、包和靴子)的图像集合

图 7-4 展示了训练集中的前几个示例图像及其对应的文本标签。

下载的 Fashion-MNIST 数据集在压缩后仅占用 30 MB 的磁盘空间。可以轻松地将整个数据集一次性加载到内存中。

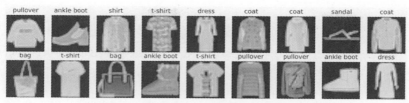

图 7-4　训练集中的前几个示例图像及其对应的文本标签

7.2.1　问题

尽管 Fashion-MNIST 数据量不大，但在将数据集输入模型之前，我们可能需要执行额外的计算，这对于需要进行额外数据转换和清洗的任务来说是很常见的。我们可能想要调整图像大小、归一化图像或将图像转换为灰度。我们还可能想要执行复杂的数学运算，例如卷积运算，这可能需要分配大量的额外内存空间。将整个数据集加载到内存后，我们的可用计算资源可能充足，也可能不足，具体取决于分布式集群的大小。

此外，我们的机器学习模型需要在数据集上进行多轮训练。假设在整个训练数据集上迭代训练一轮需要花费三个小时。如果我们要进行两轮迭代训练，模型训练所需的时间就会加倍，如图 7-5 所示。

图 7-5　t_0、t_1 等时刻多轮迭代进行模型训练的示意图，每轮迭代花费三个小时

在实际的机器学习系统中，通常需要进行大量的迭代训练。如果按顺序训练，那么每轮迭代的效率会很低。在下一节中，我们将讨论如何解决这种效率低的问题。

7.2.2　解决方案

让我们看看所面临的第一个挑战：机器学习算法中的数学运算可能需要分配大量额外的内存空间，而计算资源可能充足也可能不足。鉴于我们没有太多的空闲内存，不应该直接将整个 Fashion-MNIST 数据集加载到内存中。假设我们希望在数据集上执行的数学运算也可以在整个数据集的子集上执行。那么，可以使用第 2 章中介绍的批处理模式，它将整个数据集中的多条数据记录分组为多个批次，然后依次在每个批次上训练机器学习模型。

为了应用批处理模式，我们首先将数据集划分为多个小的子集或 mini-batch，加载每个单独的 mini-batch 的示例图像，对每个批次执行大量的数学运算，然后在每轮模型训练迭代中仅使用一个 mini-batch 的图像。例如，我们可以对仅由 20 张图像组成的第一个 mini-batch 执行卷积或其他大量的数学运算，然后将转换后的图像发送到机器学习模型进行训练。接下来，我们对剩余的 mini-batch 重复相同的过程，同时执行模型训练。

由于我们已将数据集划分为许多小的子集(mini-batch)，因此在对整个数据集执行各种大量的数学运算(对于在 Fashion-MNIST 上实现准确的分类模型是必要的)时，可以避免出现由内存不足导致的潜在问题。然后，我们可以通过减小 mini-batch 的大小继续使用这种方法来处理更大的数据集。

在批处理模式的帮助下，我们在获取数据集进行模型训练时不再担心潜在的内存不足问题。我们不必立即将整个数据集加载到内存中，而是可以依次逐批地使用数据集。例如，如果我们有一个包含 1,000 条记录的数据集，那么可以先从 1,000 条记录中取出 500 条形成一个批次，然后使用该批次的数据来训练模型。随后，我们可以对剩余的数据重复这个批处理和模型训练过程。图 7-6 展示了此过程，其中原始数据集被分为两批并按顺序依次处理。第一个批次在时刻 t_0 用于训练模型，第二个批次在时刻 t_1 被使用。

图 7-6　数据集分为两批并依次处理。第一个批次在时刻 t_0 用于训练模型，第二个批次在时刻 t_1 被使用

现在，让我们解决 7.2.1 节中提到的第二个挑战：如果需要训练一个涉及在原始数据集上进行多轮迭代的机器学习模型，我们不希望浪费过多的时间。回想一下，在第 2 章中，我们讨论了可以解决此类问题的缓存模式。借助缓存模式，可以大大加快模型训练过程中对数据集的重复访问速度，该过程涉及在多

轮迭代中对同一数据集进行训练。

对于第一轮迭代，我们无法进行特殊处理，因为这是模型第一次读取整个训练数据集。我们可以将训练样本的缓存存储在内存中，这样在第二次及后续的迭代轮次中重新访问该数据时速度会快得多。

假设用于训练模型的笔记本电脑具有足够多的计算资源，例如，内存和磁盘空间充足。在机器学习模型使用了整个数据集中的每个训练样本后，我们可以选择不立即回收样本数据，而是将使用过的训练样本保留在内存中。例如，在图 7-7 中，在完成第一轮迭代的模型拟合后，可以缓存第一轮迭代训练中所使用的两个批次的样本。

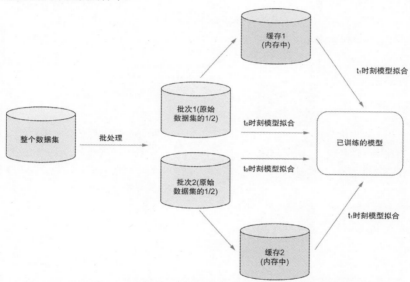

图 7-7 使用缓存对 t_0、t_1 等时刻进行多轮迭代模型训练的示意图，不必重复读取数据源

然后，可以通过直接将缓存提供给模型来开始第二轮迭代训练，而无需在后续的迭代中重复读取数据源。接下来，我们将讨论如何在项目中构建模型训练组件。

7.2.3 练习

1. 我们应该将缓存存储在哪里？
2. 当 Fashion-MNIST 数据集变大时，我们可以使用批处理模式吗？

7.3　模型训练

在上一节中，我们讨论了数据摄取组件，以及如何使用缓存和批处理模式来处理大型数据集并提高系统效率。接下来，我们讨论模型训练组件。图 7-8 是模型训练组件的整体架构图。

在图中，三个不同的模型训练步骤之后是模型选择步骤。这些模型训练步骤可以训练出三个不同的模型，它们之间相互对比以获得更好的统计性能。然后，模型选择步骤会挑选出性能最佳的模型，该模型将在后续的端到端机器学习工作流组件中被使用。

在下一节中，我们将更深入地研究图 7-8 中所示的模型训练组件，并讨论实现该组件时可能遇到的问题。

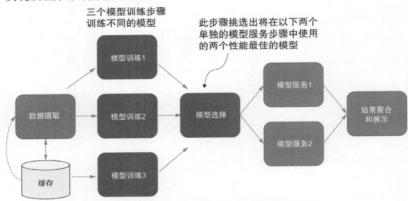

图 7-8　端到端机器学习系统中的模型训练组件(深色框)

7.3.1　问题

第 3 章中介绍了参数服务器和集合通信模式。当模型太大而无法存储在一台机器中时，例如，用于在 800 万个 YouTube 视频中进行实体标记的模型(参考 3.2 节)，可以考虑使用参数服务器模式。当通信开销很大时，集合通信模式有助于加快中等规模模型的训练过程。我们应该为模型训练组件选择哪种模式呢？

7.3.2　解决方案

借助参数服务器，我们可以有效解决不适合在单台机器中进行大型机器学习模型训练的问题。即使模型太大而无法存储在单台机器中，我们仍然可以使用参数服务器来高效地训练模型。例如，图 7-9 是使用多台参数服务器进行模型训练的架构图。每个工作节点获取数据集的一个子集，执行每个神经网络层所需的计算，并发送计算好的梯度以更新存储在某台参数服务器中的一个模型分区。

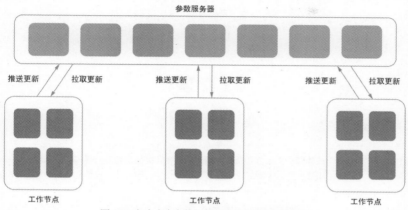

图 7-9 包含多个参数服务器的机器学习训练组件

由于所有工作节点都以异步方式执行计算，因此每个工作节点中用于计算梯度的模型分区可能不是最新的。例如，两个工作节点在向同一个参数服务器发送梯度时可能会相互阻塞，这使得我们及时收集计算出的梯度变得困难，因此需要使用一种策略来解决阻塞问题。在包含参数服务器的分布式训练系统中，多个工作节点可能同时发送梯度，因此我们首先要解决多节点通信阻塞的问题。

另一个挑战是如何确定工作节点数量和参数服务器数量之间的最佳比例。例如，当许多工作节点同时向同一台参数服务器发送梯度时，问题会变得更加严重，最终结果是，不同工作节点或参数服务器之间的通信阻塞成为了瓶颈。

现在，让我们回到最初的应用，也就是 Fashion-MNIST 分类模型。我们构建的模型并不像大型推荐系统模型那么大，如果我们为机器提供足够多的计算资源，它可以很轻易地部署在单台机器中。因为它压缩后只有 30 MB。因此，集合通信模型非常适合我们所构建的系统。

现在，如果没有参数服务器，每个工作节点都会存储整套模型参数的副本，如图 7-10 所示。我之前提到过，每个工作节点都会使用一部分数据，并计算出更新该节点对应的模型参数所需的梯度(参考第 3 章)。我们希望在所有工作节点完成梯度计算后立即聚合所有梯度，并确保每个工作节点的整套模型参数都根据聚合的梯度进行更新。换句话说，每个工作节点都应该存储一份完全相同的模型副本。

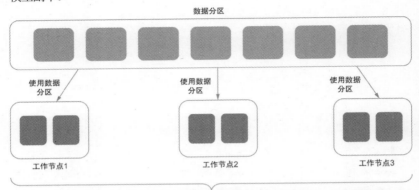

每个工作节点都包含整套模型参数的副本，并使用数据分区来计算梯度

图 7-10　只包含工作节点的分布式模型训练组件，其中每个工作节点存储整套模型参数的副本并使用数据分区来计算梯度

回到图 7-8 中的架构图，每个模型训练步骤都使用集合通信模式，利用底层网络基础设施执行 allreduce 操作，以便在多个工作节点之间传递梯度。集合通信模式还允许我们在分布式环境中训练多个中等规模的机器学习模型。一旦模型训练完成，我们就可以使用一个单独的步骤来选择用于模型服务的最佳模型。这个步骤非常直观，我将把具体的实现细节推迟到第 9 章中讲解。在下一节中，我们将讨论模型服务组件。

7.3.3　练习

1. 为什么参数服务器模式不适合我们的模型？
2. 使用集合通信模式时，每个工作节点是否存储模型的不同部分？

7.4　模型服务

我们已经探讨了数据摄取和模型训练组件。接下来探讨一下模型服务组件，这对于系统最终的用户体验至关重要。图 7-11 展示了模型服务组件架构图。

接下来，让我们看一下构建该组件时可能会遇到的潜在问题及其解决方案。

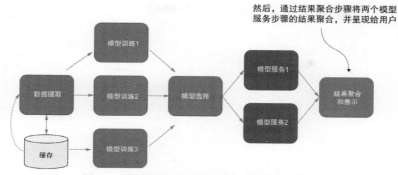

然后，通过结果聚合步骤将两个模型
服务步骤的结果聚合，并呈现给用户

图 7-11 端到端机器学习系统中的模型服务组件(深色框)

7.4.1 问题

模型服务系统需要获取用户上传的原始图像，并将请求发送到模型服务器，以使用训练好的模型进行推理。这些模型服务请求正在排队并等待模型服务器处理。

如果模型服务系统是单节点服务器，则它只能按照先到先服务的原则处理有限数量的模型服务请求。随着请求数量的增加，用户必须等待很长时间才能收到模型服务的结果，因此用户体验会受到影响。也就是说，所有请求都在等待模型服务系统对其进行处理，但计算资源受限于该单个节点。我们应该如何构建更高效的模型服务系统呢？

7.4.2 解决方案

上一节为第 4 章中讨论的副本服务模式提供了一个完美的用例。我们的模型服务系统接收用户上传的图像并向模型服务器发送请求。此外，与简单的单台服务器设计不同，系统具有多个模型服务器副本来异步处理模型服务请求。每个模型服务器副本接收一个请求，从模型训练组件中检索之前训练好的分类模型，并对 Fashion-MNIST 数据集中不存在的图像进行分类。

借助副本服务模式，我们可以通过向单服务器模型服务系统添加服务器副本来轻松扩展模型服务器。新的架构如图 7-12 所示。模型服务器副本可以同时处理多个请求，因为每个副本可以独立地处理各自的模型服务请求。

在引入模型服务器副本后，用户的多个模型服务请求会同时发送到模型服务器副本上。我们还需要明确模型服务请求和模型服务器副本之间的映射关系，这决定了哪些请求由哪个模型服务器副本处理。

用户上传图像，然后向模型
服务系统提交图像分类请求

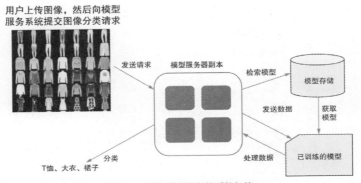

图 7-12　副本模型服务的系统架构

为了在副本之间分配模型服务请求，我们需要添加一个额外的负载均衡层。例如，负载均衡器接收多个模型服务请求。然后，它将请求均匀地分配给模型服务器副本，再由模型服务器副本负责处理各个请求，包括模型检索和对请求数据进行推理。图 7-13 阐述了这个过程。

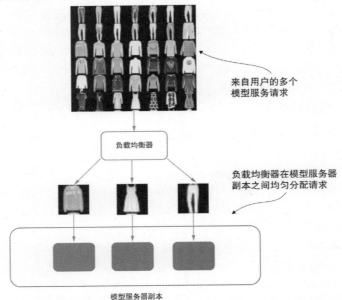

图 7-13　显示负载均衡器如何在模型服务器副本之间均匀分配请求的示意图

负载均衡器使用不同的算法来决定将哪个请求发送到哪个特定的模型服务器副本。负载均衡的示例算法包括轮询(Round Robin)算法、最少连接(Least-Connection)算法和哈希(Hashing)算法。

从图 7-11 所示的原始架构图中可以看到，模型服务有两个单独的步骤，每个步骤使用不同的模型。每个模型服务步骤都包含一个具有多副本的模型服务，用于处理不同模型的模型服务流量。

7.4.3　练习

1. 如果模型服务系统中没有负载均衡器会怎么样？

7.5　端到端工作流

我们已经了解了各个组件，接下来看看如何用可扩展且高效的方式构建一个包含所有组件的端到端工作流。我们还将在工作流中加入第 5 章介绍的一些模式。图 7-14 是我们正在构建的端到端工作流的架构图。

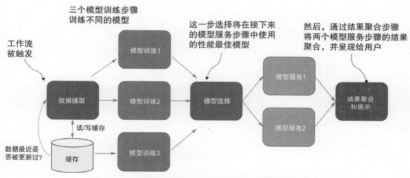

图 7-14　我们将要构建的端到端机器学习系统的架构图

我们不关注单个组件，而是着眼于整个机器学习系统，该系统将所有组件以端到端工作流的方式链接在一起。

7.5.1　存在的问题

首先，Fashion-MNIST 数据集是静态的，不会随时间变化。然而，为了设计一个更贴近现实的系统，我们假设 Fashion-MNIST 数据集会定期手动更新。

每当数据集更新时，我们可能希望重新运行整个机器学习工作流，以训练包含最新数据的机器学习模型。换句话说，每次数据集发生变化时，我们都需要执行数据摄取步骤。同时，当数据集没有更新时，我们希望尝试训练新的机器学习模型。因此，我们仍然需要重新执行整个工作流，包括数据摄取步骤。然而，数据摄取步骤通常非常耗时，尤其是在大型数据集中。有没有办法让这个工作流更加高效呢？

其次，我们希望构建一个可以训练不同模型的机器学习工作流，然后选择性能最佳的两个模型应用于模型服务，以生成预测。由于现有机器学习工作流中每个模型训练步骤的完成时间存在差异，后续每个步骤(例如，模型选择和模型服务)何时开始取决于前面步骤的完成情况。然而，在工作流中顺序执行步骤非常耗时，并且会阻塞其余步骤。例如，假设一个模型训练步骤的完成时间比其他步骤要长得多。只有在这个长时间运行的模型训练步骤完成后，后续的模型选择步骤才能开始执行。结果，整个工作流被这个步骤延迟了。有没有办法加速这个工作流，使其不受单个步骤持续时间的影响？

7.5.2　解决方案

对于第一个问题，我们可以使用第 5 章中介绍的步骤记忆化模式。回想一下，步骤记忆化可以帮助系统决定是否执行或跳过某个步骤。通过将步骤记忆化，工作流可以识别出冗余的步骤，可以跳过而无需重新执行这些步骤，从而大大加快端到端工作流的执行速度。

例如，图 7-15 包含一个简单的工作流，只有在我们知道数据集已经更新时才执行数据摄取步骤。也就是说，如果新数据没有更新，不会重新摄取已经收集的数据。

图7-15　数据集未更新时跳过数据摄取步骤的示意图

有许多策略可以用来确定数据集是否已经更新。通过使用预定义的策略，我们可以重构机器学习工作流，并决定是否要包含一个需要重新执行的数据摄取步骤，如图 7-16 所示。

　　缓存是一种确定数据集是否已经更新的方法。假设 Fashion-MNIST 数据集定期更新(例如，每月更新一次)，我们可以创建一个基于时间的缓存，用于存储已摄取并清洗过的数据集的位置(假设数据集位于远程数据库)及其最后更新的时间戳。

　　如图 7-16 所示，将根据最后更新的时间戳是否在特定窗口内来确定动态构建和执行工作流中的数据摄取步骤。例如，如果时间窗口设置为两周，并且摄取的数据在过去两周内更新过，我们仍然认为该数据是最新的。数据摄取步骤将被跳过，并且接下来的模型训练步骤将使用缓存中已摄取的数据集。时间窗口可用于控制缓存的有效期，在其有效期内我们都认为数据集足够新，可以直接用于模型训练而不需要重新摄取数据。

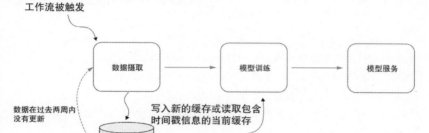

图 7-16　工作流被触发。我们通过访问缓存来检查数据在过去两周内是否有更新。如果数据是
　　　　 最新的，可以跳过不必要的数据摄取步骤并直接执行模型训练步骤。

　　现在，我们来看看第二个问题：步骤的顺序执行会阻塞工作流中的后续步骤，从而降低了效率。而第 5 章中介绍的同步和异步模式有助于解决这个问题。

　　当一个短时间运行的模型训练步骤完成时(例如，图 7-17 中的模型训练步骤2)，我们成功地获得了一个训练好的机器学习模型。我们可以直接在模型服务系统中使用这个已经训练好的模型，而无需等待其余的模型训练步骤完成。因此，一旦使用工作流中的步骤训练好了一个模型，用户就能够通过模型服务请求得到图像分类的结果。第二个模型训练步骤(图 7-17 中的模型训练步骤3)完成后，两个训练好的模型将被传递到模型服务中。现在，用户就能够得到两个模型的聚合结果了。

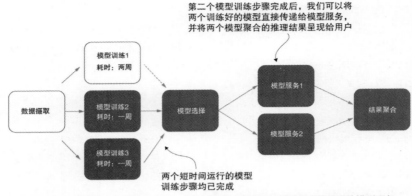

图 7-17　第二个模型训练步骤完成后，我们可以将两个训练好的模型直接传递给模型服务。
两个模型聚合的推理结果将呈现给用户

因此，我们可以继续使用训练好的模型进行模型选择和模型服务。同时，长时间运行的模型训练步骤也在运行。它们可以不依赖于彼此的完成情况异步执行。工作流可以在上一个步骤完成之前执行下一个步骤。这样长时间运行的模型训练步骤将不再阻塞整个工作流。相反，它可以继续使用模型服务系统中短时间运行的模型训练步骤所训练的模型，然后立即开始处理用户的模型服务请求。

7.5.3　练习

1. 哪个组件可以从步骤记忆化中获得最大收益？
2. 如果触发了工作流中某个步骤的再次运行，如何判断该步骤是否可以跳过？

7.6　习题答案

7.2 节

1. 在内存中
2. 是的

7.3 节

1. 工作节点和参数服务器之间存在通信阻塞问题。
2. 不，每个工作节点都存储完全相同的模型副本。

7.4 节

1. 我们将无法在多个副本之间平衡并分配模型服务请求。

7.5 节

1. 数据摄取组件
2. 使用步骤缓存中的元数据进行判断

7.7　本章小结

- 数据摄取组件使用缓存模式来加速处理多轮迭代的数据集。
- 模型训练组件使用集合通信模式来避免工作节点和参数服务器之间潜在的通信开销。
- 我们可以使用模型服务器副本，每个副本独立处理模型服务请求，因此它能够同时处理多个请求。
- 我们可以将所有组件链接到一个工作流中，并使用缓存来有效地跳过耗时的组件，如数据摄取组件。

第8章
相关技术概述

本章内容

- 熟悉使用 TensorFlow 构建模型
- 了解 Kubernetes 的关键术语
- 使用 Kubeflow 运行分布式机器学习工作负载
- 使用 Argo Workflows 部署云原生工作流

在上一章中，我们了解了项目背景和系统组件，以及每个组件的具体实现策略。我们还讨论了每个组件所面临的挑战，以及解决这些挑战所采用的模式。如前面所述，我们将在本书的最后一章(第9章)中深入探讨项目的实施细节。然而，由于我们将在项目中使用不同的技术，而这些技术并不能涵盖所有的基础知识，因此本章将介绍四种技术的基本概念(TensorFlow、Kubernetes、Kubeflow 和 Argo Workflows)及其具体实践。

这四种技术各自有不同的用途，但都将用于实现第9章中介绍的最终项目。TensorFlow 用于数据处理、模型构建和评估。Kubernetes 用于构建核心分布式基础设施。在此基础上，Kubeflow 用于向 Kubernetes 集群提交分布式模型训练作业，Argo Workflows 用于构建和提交端到端的机器学习工作流。

8.1 TensorFlow: 机器学习框架

TensorFlow 是一个端到端的机器学习平台。它在学术界和工业界被广泛应用于不同的场景，例如，图像分类、推荐系统、自然语言处理等。TensorFlow

具有高度可移植性，可部署在不同的硬件上，并且支持多语言。

TensorFlow 拥有庞大的生态系统。以下是该生态系统中的一些重点项目：

- TensorFlow.js 是一个用于 JavaScript 机器学习的库。用户可以直接在浏览器或 Node.js 中使用它。
- TensorFlow Lite 是一个用于在移动设备、微处理器和其他边缘设备上部署模型的库。
- TFX 是一个用于在生产环境中部署机器学习流水线的端到端平台。
- TensorFlow Serving 是一种灵活、高性能的模型服务系统，专门用于生产环境。
- TensorFlow Hub 是一个经过训练的机器学习模型仓库，可随时进行微调并在任何地方部署。只需几行代码即可重用诸如 BERT 和 Faster R-CNN 等经过训练的模型。

更多信息可以在 TensorFlow 的 GitHub 仓库(https://github.com/tensorflow)中找到。我们将在模型服务组件中使用 TensorFlow Serving。下一节将介绍 TensorFlow 中的一些基本示例，并使用 MNIST 数据集在本地训练一个机器学习模型。

8.1.1　基础知识

我们首先在 Python 3 环境中安装 Anaconda 作为基本示例。Anaconda(https://www.anaconda.com)是一个用于科学计算的 Python 和 R 编程语言的发行版，旨在简化包管理和部署。该发行版包括适用于 Windows、Linux 和 macOS 等平台的科学计算包。Anaconda 安装完成后，我们在控制台中使用以下命令来安装带有 Python 3.9 的 Conda 环境。

代码清单 8-1　创建 Conda 环境

```
> conda create --name dist-ml python=3.9 -y
```

接下来，可以使用以下代码激活该环境。

代码清单 8-2　激活 Conda 环境

```
> conda activate dist-ml
```

然后，我们就可以在这个 Python 环境中安装 TensorFlow 了。

代码清单 8-3　安装 TensorFlow

```
> pip install --upgrade pip
> pip install tensorflow==2.10.0
```

如果安装遇到问题，请参考安装指南(https://www.tensorflow.org/install)。在某些情况下，你可能需要卸载现有的 NumPy 并重新安装它。

代码清单 8-4　安装 NumPy

```
> pip install numpy --ignore-installed
```

如果你使用的是 Mac，可以使用 Metal 插件进行加速 (https://developer.apple.com/metal/tensorflow-plugin/)。

成功安装 TensorFlow 后，就可以开始运行一个基本的图像分类示例。首先加载并预处理简单的 MNIST 数据集。回想一下，MNIST 数据集包含了从 0 到 9 的手写数字图像，每一行代表一个特定的手写数字图像，如图 8-1 所示。

每一行代表一个特定的手写数字图像。
例如，第一行代表数字0的图像。

图8-1　从0到9的手写数字的示例图像，其中每行代表一个特定的手写数字图像

Keras API (`tf.keras`)是 TensorFlow 中用于模型训练的高级 API，我们将用它来加载内置数据集以及进行模型训练和评估。

代码清单 8-5　加载 MNIST 数据集

```
> import tensorflow as tf
> (x_train, y_train), (x_test, y_test) = tf.keras.datasets.mnist.load_data()
```

如果我们不指定路径，函数 `load_data()` 将使用默认路径来加载 MNIST 数据集。该函数将返回 NumPy 数组，用于训练并测试图像和标签。我们将数据集分为训练集和测试集，以便可以在示例中进行模型训练和评估。

NumPy 数组是 Python 科学计算生态系统中的常见数据类型。它描述了多维数组，具有三个属性：`data`、`shape` 和 `dtype`。以图像训练为例。

```
> x_train.data
<memory at 0x16a392310>
> x_train.shape
(60000, 28, 28)
> x_train.dtype
dtype('uint8')
> x_train.min()
0
> x_train.max()
255
```

x_train 是一个 60,000×28×28 的三维数组。数据类型为 uint8，范围从 0 到 255。换句话说，该对象包含了 60,000 张分辨率为 28×28 的灰度图像。

接下来，我们可以对原始图像进行一些特征预处理。由于许多算法和模型对特征的规模敏感，因此我们经常将特征居中并缩放到一个范围内，例如[0, 1]或[-1, 1]。在上述例子中，可以通过将图像数据除以 255 来实现。

```
def preprocess(ds):
    return ds / 255.0

x_train = preprocess(x_train)
x_test = preprocess(x_test)

> x_train.dtype
dtype('float64')

> x_train.min()
0.0

> x_train.max()
1.0
```

对训练和测试集中的图像进行预处理后，可以实例化一个简单的多层神经网络模型。我们使用 tf.keras 来定义模型架构。首先，我们使用 Flatten 将二维图像展开为一维数组，将输入的 shape 属性指定为 28×28。第二层是全连接层，使用 ReLU 激活函数引入非线性拟合能力。第三层是 Dropout 层，用于减少过度拟合并使模型具有更强的泛化能力。由于手写数字由 0 到 9 的 10 个不同数字组成，因此在最后一层中通过使用 softmax 激活函数对图像进行 10 个类别的分类。

代码清单8-8 顺序模型定义

```
model = tf.keras.models.Sequential([
  tf.keras.layers.Flatten(input_shape=(28, 28)),
  tf.keras.layers.Dense(128, activation='relu'),
  tf.keras.layers.Dropout(0.2),
  tf.keras.layers.Dense(10, activation='softmax')
])
```

模型架构定义完成后，我们需要指定三个不同的参数：评估函数、损失函数和优化器。

代码清单8-9 使用指定的评估函数、损失函数和优化器进行模型编译

```
model.compile(optimizer='adam',
    loss='sparse_categorical_crossentropy',
    metrics=['accuracy'])
```

然后，可以开始进行五轮迭代的模型训练和评估，具体代码如下所示。

代码清单8-10 使用训练数据进行模型训练

```
model.fit(x_train, y_train, epochs=5)
model.evaluate(x_test, y_test)
```

我们能够在日志中看到训练进度：

```
Epoch 1/5
1875/1875 [======] - 11s 4ms/step - loss: 0.2949 - accuracy: 0.9150
Epoch 2/5
1875/1875 [======] - 9s 5ms/step - loss: 0.1389 - accuracy: 0.9581
Epoch 3/5
1875/1875 [======] - 9s 5ms/step - loss: 0.1038 - accuracy: 0.9682
Epoch 4/5
1875/1875 [======] - 8s 4ms/step - loss: 0.0841 - accuracy: 0.9740
Epoch 5/5
1875/1875 [======] - 8s 4ms/step - loss: 0.0707 - accuracy: 0.9779
10000/10000 [======] - 0s - loss: 0.0726 - accuracy: 0.9788
```

模型评估的日志如下所示：

```
313/313 [======] - 1s 4ms/step - loss: 0.0789 - accuracy: 0.9763
[0.07886667549610138, 0.976300060749054]
```

我们观察到，随着训练过程中损失的减少，训练数据的准确率上升到97.8%。最终训练的模型在测试数据集上的准确率为97.6%。由于建模过程具有随机性，得到的结果可能会略有不同。

在训练完模型并对其性能感到满意之后，我们可以使用以下代码保存它，这样下次就不需要从头开始训练了。

代码清单 8-11　保存训练好的模型

```
model.save('my_model.h5')
```

这段代码将模型保存为当前工作目录中的 my_model.h5 文件。当我们启动一个新的 Python 会话时，可以导入 TensorFlow 并从 my_model.h5 文件加载模型对象。

代码清单 8-12　加载保存的模型

```
import tensorflow as tf
model = tf.keras.models.load_model('my_model.h5')
```

我们学习了如何使用 TensorFlow 的 Keras API 为一组超参数训练模型。这些超参数在训练过程中保持不变，并直接影响机器学习程序的性能。下面我们学习如何使用 Keras Tuner (https://keras.io/keras_tuner/)来调整 TensorFlow 程序的超参数。首先，需要安装 Keras Tuner 库。

代码清单 8-13　安装 Keras Tuner 包

```
pip install -q -U keras-tuner
```

安装完成后，就能够导入所有需要的库。

代码清单 8-14　导入需要的包

```
import tensorflow as tf
from tensorflow import keras
import keras_tuner as kt
```

我们将在示例中使用相同的 MNIST 数据集和预处理函数进行超参数调整。然后将模型定义封装到 Python 函数中。

代码清单 8-15　使用 TensorFlow 和 Keras Tuner 的模型构建函数

```
def model_builder(hp):
  model = keras.Sequential()
  model.add(keras.layers.Flatten(input_shape=(28, 28)))
  hp_units = hp.Int('units', min_value=32, max_value=512, step=32)
  model.add(keras.layers.Dense(units=hp_units, activation='relu'))
  model.add(keras.layers.Dense(10))
  hp_learning_rate = hp.Choice('learning_rate', values=[1e-2, 1e-3, 1e-4])
  model.compile(optimizer=keras.optimizers.Adam(
                  learning_rate=hp_learning_rate),
```

```
loss=keras.losses.SparseCategoricalCrossentropy(
from_logits=True),
metrics=['accuracy'])
return model
```

该代码本质上与我们之前使用一组超参数训练模型的代码基本相同，只是还定义了在稠密层和优化器中使用的 hp_units 和 hp_learning_rate 对象。

hp_units 对象实例化一个整数，该整数在 32 到 512 之间进行调整，并用作第一个全连接层中的单元数。hp_learning_rate 对象将调整 adam 优化器的学习率，该学习率将从以下值中选择：0.01、0.001 或 0.0001。

一旦定义了模型构造器，就可以实例化调节器(tuner)。我们可以使用多种调节算法(例如，随机搜索、贝叶斯优化、Hyperband)。这里使用 hyperband 调节算法。它使用自适应资源分配和提前终止来实现在高性能模型中更快地收敛。

代码清单 8-16 Hyperband 模型调节器

```
tuner = kt.Hyperband(model_builder,
                     objective='val_accuracy',
                     max_epochs=10,
                     factor=3,
                     directory='my_dir',
                     project_name='intro_to_kt')
```

我们以验证准确率为目标，模型调优时最大迭代数为 10。

为了减少过度拟合，我们可以创建一个 EarlyStopping 回调函数，以便在模型达到验证集的损失阈值时立即停止训练。如果你启动了新的 Python 会话，请确保将数据集重新加载到内存中。

代码清单 8-17 EarlyStopping 回调函数

```
early_stop = tf.keras.callbacks.EarlyStopping(
    monitor='val_loss', patience=4)
```

现在我们通过使用 tuner.search() 开始超参数搜索。

代码清单 8-18 带有提前终止参数的超参数搜索

```
tuner.search(x_train, y_train,
    epochs=30, validation_split=0.2,
    callbacks=[early_stop])
```

搜索完成后，我们可以确定最优的超参数并在数据集上进行30次迭代训练。

```
best_hps = tuner.get_best_hyperparameters(num_trials=1)[0]
model = tuner.hypermodel.build(best_hps)
model.fit(x_train, y_train, epochs=50, validation_split=0.2)
```

当根据测试数据评估模型时，我们会发现它比没有经过超参数调整的基线模型性能更优。

代码清单 8-20　根据测试数据评估模型

```
model.evaluate(x_test, y_test)
```

你已经学习了如何在单台机器上本地运行 TensorFlow。为了充分利用 TensorFlow，模型训练过程应该在分布式集群中运行，这就是 Kubernetes 的使用场景。在下一节中，我将介绍 Kubernetes 的基础知识和实践示例。

8.1.2　练习

1. 能否直接使用之前保存的模型进行模型评估？
2. 能否尝试使用随机搜索算法来代替 Hyperband 调节算法？

8.2　Kubernetes：分布式容器编排系统

Kubernetes(也称为 K8s)是一个用于自动化容器应用部署、扩展和管理的开源系统。它抽象了复杂的容器管理，并提供声明式配置来编排不同计算环境中的容器。

为了便于管理和发现，容器被分组到特定应用程序的逻辑单元中。Kubernetes 基于 Google 在管理产品工作负载方面超过 16 年的经验所建立，并结合了社区的最佳实践和思路。其主要设计目标是使复杂分布式系统的部署和管理变得容易，同时受益于容器所带来的资源利用率提升。它的代码是开源的，使得社区可以自由地在私有云、混合云或公有云上构建基础设施，并且用户可以轻松地对工作负载进行迁移。

Kubernetes 的设计初衷是在不扩大运维团队规模的情况下对应用进行扩展。图 8-2 是 Kubernetes 及其组件的架构图。但我们不会详细讨论这些组件，因为它们不是本书的重点。我们将使用 Kubernetes 的命令行工具 kubectl(图的左侧)与 Kubernetes 集群交互并获取相关信息。

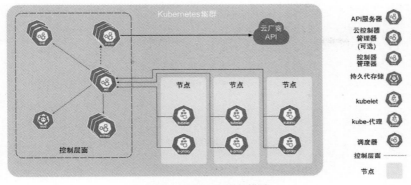

图 8-2　Kubernetes 的架构图

我们将通过一些基本概念和示例来积累相关知识，并为接下来介绍 Kubeflow
和 Argo Workflows 做准备。

8.2.1　基础知识

首先，创建一个本地 Kubernetes 集群。我们将使用 k3d(https://k3d.io)来初始
化本地集群。k3d 是一个轻量级的封装程序，用于在 Docker 中运行 k3s(由 Rancher
Lab 提供的一个最小 Kubernetes 发行版)。k3d 可以非常轻松地在 Docker 中创
建具有单节点或多节点的 k3s 集群，方便我们进行 Kubernetes 集群的本地开发。
让我们通过使用 k3s 创建一个名为 distml 的 Kubernetes 集群。

代码清单 8-21　创建一个本地 Kubernetes 集群

```
> k3d cluster create distml --image rancher/k3s:v1.25.3-rc3-k3s1
```

可以通过以下命令获取我们创建的集群的节点列表。

代码清单 8-22　获取集群中的节点列表

```
> kubectl get nodes
NAME                     STATUS  ROLES                AGE    VERSION
K3d-distml-server-0 Ready   control-plane,master 1m     v1.25.3+k3s1
```

在这个示例中，节点是 1 分钟前创建的，我们运行的是 v1.25.3+k3s1
版本的 k3s 发行版。状态已准备就绪，我们可以继续进行后续步骤。

我们还可以通过使用 kubectl describe node k3d-distmlserver-0 语句来查看节点的详细信息。例如，labels 和 system info 字段包含了操作系统版本、架构、该节点是否为主节点等信息：

```
Labels:          beta.kubernetes.io/arch=arm64
                 beta.kubernetes.io/instance-type=k3s
                 beta.kubernetes.io/os=linux
                 kubernetes.io/arch=arm64
                 kubernetes.io/hostname=k3d-distml-server-0
                 kubernetes.io/os=linux
                 node-role.kubernetes.io/control-plane=true
                 node-role.kubernetes.io/master=true
                 node.kubernetes.io/instance-type=k3s
System Info:
  Machine ID:
  System UUID:
  Boot ID:                        73db7620-c61d-432c-a1ab-343b28ab8563
  Kernel Version:                 5.10.104-linuxkit
  OS Image:                       K3s dev
  Operating System:               linux
  Architecture:                   arm64
  Container Runtime Version:      containerd://1.5.9-k3s1
  Kubelet Version:                v1.22.7+k3s1
  Kube-Proxy Version:             v1.22.7+k3s1

The node's addresses are shown as part of it:

Addresses:
  InternalIP:  172.18.0.3
  Hostname:    k3d-distml-server-0

The capacity of the node is also available,
indicating how much computational resources are there:

Capacity:
cpu:                  4
ephemeral-storage:    61255492Ki
hugepages-1Gi:        0
hugepages-2Mi:        0
hugepages-32Mi:       0
hugepages-64Ki:       0
memory:               8142116Ki
pods:                 110
```

然后我们将在这个集群中创建一个名为basics的命名空间。Kubernetes 中的命名空间提供了一种在单个集群中实现资源隔离的机制(参考 http://mng.bz/BmN1)。资源名称在同一个命名空间内必须是唯一的，但跨命名空间的资源名不需要保证唯一。以下示例将在同一个命名空间中演示。

代码清单 8-23　创建一个新的命名空间

```
> kubectl create ns basics
```

集群和命名空间创建好后，我们将使用一个名为 kubectx 的命令行工具来帮助我们在命名空间和集群之间快速切换(https://github.com/ahmetb/kubectx)。需要注意的是，日常使用 Kubernetes 时此工具不是必需的，但它能够让用户更方便地使用 Kubernetes。例如，我们可以方便地获得可用集群和命名空间的列表。

代码清单 8-24　切换上下文和命名空间

```
> kubectx
d3d-k3s-default
k3d-distml

> kubens
default
kube-system
kube-public
kube-node-lease
basics
```

例如，可以通过 k3d-distml 上下文和我们刚刚创建的 basics 命名空间使用以下代码清单切换到 distml 集群。

代码清单 8-25　激活使用上下文

```
> kubectx k3d-distml
Switched to context "k3d-distml".

> kubens basics
Active namespace is "basics".
```

在使用多个集群和命名空间时，通常需要切换上下文和命名空间。我们正在使用 basics 命名空间来运行本章的示例，并将在下一章中切换到项目专用的另一个命名空间。

接下来，我们创建一个 Kubernetes Pod。Pod 是可以在 Kubernetes 中创建和管理的最小可部署计算单元。一个 Pod 可能由一个或多个具有共享存储和网络资源的容器组成，并规定了如何运行这些容器。Pod 中的一组容器作为一个整体被统一调度，并在一个共享的上下文中运行。Pod 的概念模拟了一种特定应用程序的"逻辑主机"，这意味着它包含一个或多个相对紧密耦合的应用程序容器。在非云环境中，在同一物理主机或虚拟主机上执行的应用程序类似于在同一逻辑主机上执行的云应用程序。换句话说，Pod 类似于一组具有共享命名空间和共享文件系统卷的容器。

以下代码清单提供了一个 Pod 示例，该 Pod 包含了一个运行 whalesay 镜像的容器，用于打印 hello world 消息。我们将该 Pod 配置保存在一个名为 hello-world.yaml 的文件中。

代码清单 8-26　一个 Pod 示例

```
apiVersion: v1
kind: Pod
metadata:
  name: whalesay
spec:
  containers:
  - name: whalesay
    image: docker/whalesay:latest
    command: [cowsay]
    args: ["hello world"]
```

运行以下命令创建 Pod。

代码清单 8-27　在集群中创建 Pod

```
> kubectl create -f basics/hello-world.yaml

pod/whalesay created
```

然后可以通过获取 Pod 列表来确定是否已创建 Pod。注意，命令中的 pods 是复数形式的，这样我们就可以获得已创建 Pod 的完整列表。然后我们将获取某个特定 Pod 的详细信息。

代码清单 8-28　获取集群中的 Pod 列表

```
> kubectl get pods

NAME        READY   STATUS      RESTARTS      AGE
whalesay    0/1     Completed   2 (20s ago)   37s
```

Pod 状态为"已完成"(Completed)，因此我们可以查看 whalesay 容器输出的内容：

代码清单 8-29　检查 Pod 日志

```
> kubectl logs whalesay
```

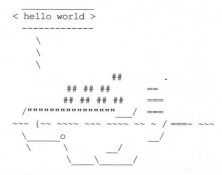

我们还可以通过 kubectl 获取 Pod 的原始 YAML。请注意，这里使用-o yaml 参数来获取 YAML 格式的数据，但其他格式也是同样支持的，例如 JSON。如前面所提到的，我们使用单数形式的 Pod 获取的是单个 Pod 的详细信息，而不是所有 Pod 的完整列表。

代码清单 8-30　获取 Pod 的原始 YAML 数据

```
> kubectl get pod whalesay -o yaml
```

```yaml
apiVersion: v1
kind: Pod
metadata:
  creationTimestamp: "2022-10-22T14:30:19Z"
  name: whalesay
  namespace: basics
  resourceVersion: "830"
  uid: 8e5e13f9-cd58-45e8-8070-c6bbb2dddb6e
spec:
  containers:
  - args:
    - hello world
    command:
    - cowsay
    image: docker/whalesay:latest
    imagePullPolicy: Always
    name: whalesay
    resources: {}
    terminationMessagePath: /dev/termination-log
```

```
        terminationMessagePolicy: File
        volumeMounts:
        - mountPath: /var/run/secrets/kubernetes.io/serviceaccount
        name: kube-api-access-x826t
        readOnly: true
        dnsPolicy: ClusterFirst
        enableServiceLinks: true
        nodeName: k3d-distml-server-

  <...truncated...>

    volumes:
    - name: kube-api-access-x826t
      projected:
      defaultMode: 420
      sources:
      - serviceAccountToken:
            expirationSeconds: 3607
            path: token
      - configMap:
            items:
            - key: ca.crt
            path: ca.crt
            name: kube-root-ca.crt
      - downwardAPI:
            items:
            - fieldRef:
            apiVersion: v1
            fieldPath: metadata.namespace
            path: namespace
  status:
    conditions:
    - lastProbeTime: null
      lastTransitionTime: "2022-10-22T14:30:19Z"
      status: "True"
      type: Initialized
    - lastProbeTime: null
      lastTransitionTime: "2022-10-22T14:30:19Z"
      message: 'containers with unready status: [whalesay]'
      reason: ContainersNotReady
      status: "False"
      type: Ready
```

你可能会对用于创建 Pod 的原始 YAML 中出现的附加内容(如 status 和 conditions 字段)感到奇怪。这些附加内容是通过 Kubernetes 服务器端组件自动生成和添加的，以便客户端应用程序能够获取到 Pod 的当前状态。尽管我们没有明确指定命名空间，但 Pod 是在 basics 命名空间中创建的，因为我们使用 kubens 命令设置了当前的命名空间。

至此，我们已经介绍了 Kubernetes 的基础知识。在下一节中，我们将学习如何使用 Kubeflow 在刚刚创建的本地 Kubernetes 集群中运行分布式模型训练任务。

8.2.2 练习

1. 如何获取 JSON 格式的 Pod 信息？
2. Pod 可以包含多个容器吗？

8.3 Kubeflow：在 Kubernetes 上运行机器学习工作负载

Kubeflow 项目致力于使 Kubernetes 上的机器学习工作流部署变得简单、可移植和可扩展。Kubeflow 的目标不是重建服务，而是提供一种简单的方法，将机器学习系统部署在不同的基础设施上。无论在何处，只要运行了 Kubernetes，就能够运行 Kubeflow。我们将使用 Kubeflow 将分布式机器学习模型训练任务提交到 Kubernetes 集群中。先来看看 Kubeflow 提供了哪些组件，如图 8-3 所示。

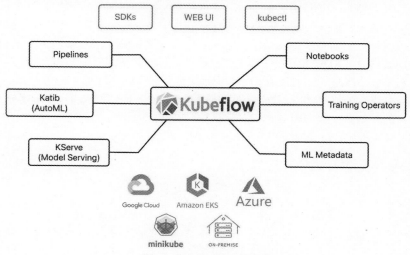

图 8-3 Kubeflow 的主要组件

Kubeflow Pipelines(KFP；https://github.com/kubeflow/pipelines)提供了 Python

SDK 来简化机器学习流水线的构建。它是一个使用 Docker 容器构建和部署可移植、可扩展的机器学习工作流的平台。KFP 的主要目标是实现以下功能：

- 端到端编排机器学习工作流
- 利用可重用组件和管道实现流水线的组合
- 轻松管理、跟踪和可视化流水线的定义、运行、实验和制品
- 通过缓存减少冗余操作，从而有效利用计算资源
- 通过独立于平台的 IR YAML 流水线定义实现跨平台流水线的移植

KFP 使用 Argo Workflows 作为后端工作流引擎，下一节中将对其进行介绍，我们将直接使用 Argo Workflows，而不使用像 KFP 这样更高级的封装工具。ML 元数据项目已合并到 KFP 中，并作为后端记录用 KFP 编写的机器学习工作流中生成的元数据的日志。

接下来是 Katib (https://github.com/kubeflow/katib)。Katib 是一个用于自动化机器学习的 Kubernetes 原生项目。Katib 支持超参数调优、提前终止和神经网络架构搜索。Katib 不感知具体的机器学习框架。它可以调整用任何语言编写的应用程序的超参数，并原生支持许多机器学习框架，如 TensorFlow、Apache MXNet、PyTorch 和 XGBoost 等。Katib 可以使用任何 Kubernetes 自定义资源执行训练任务，并为 Kubeflow Training Operator、Argo Workflows、Tekton Pipelines 等组件提供开箱即用的支持。图 8-4 是执行实验跟踪的 Katib UI 的截图。

KServe (https://github.com/kserve/kserve)作为 Kubeflow 项目的一部分，之前被称为 KFServing。KServe 提供了 Kubernetes 自定义资源定义 (Custom Resource Definition，CRD)，用于在任意机器学习框架上提供模型服务。它旨在为常见的机器学习框架提供高性能抽象接口，从而满足生产环境中模型服务的使用需求。它封装了自动弹性伸缩、网络互联、健康检查和服务器配置等功能，为机器学习的部署提供了 GPU 自动弹性伸缩和金丝雀部署等前沿的服务特性。图 8-5 是一个说明 KServe 在生态系统中的定位的图。

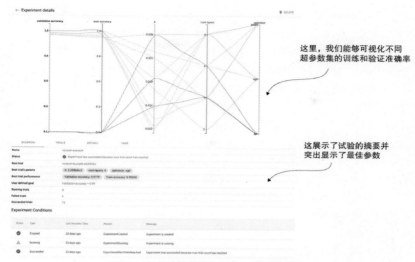

图 8-4　执行实验跟踪的 Katib UI 的屏幕截图

图 8-5　KServe 在生态系统中的定位

　　Kubeflow 提供了 Web UI 页面。图 8-6 展示了该 UI 的截图。用户可以在左侧的每个选项卡中访问模型、流水线、实验、制品等功能，以方便进行端到端模型机生命周期的迭代。

　　Web UI 集成了 Jupyter Notebooks。它还支持用不同语言编写的 SDK，可以帮助用户在 Kubeflow 中与任何内部系统集成。此外，用户可以通过 `kubectl`

与所有 Kubeflow 组件进行交互，因为它们都是原生的 Kubernetes 自定义资源和控制器。Training Operator(https://github.com/kubeflow/training-operator) 提供了 Kubernetes 自定义资源，用户可以轻松地在 Kubernetes 上运行分布式和非分布式的 TensorFlow、PyTorch、Apache MXNet、XGBoost 或 MPI 作业。

Kubeflow 项目已拥有超过 500 名贡献者和 20,000 名 GitHub 粉丝。它在多家公司中得到了广泛采用，包括 10 多家云厂商，如：Amazon AWS、Azure、Google Cloud、IBM 等。目前有七个工作组独立维护 Kubeflow 生态系统中不同的子项目。我们将使用 Training Operator 提交分布式模型训练作业，并使用 KServe 来构建我们的模型服务组件。完成下一章的学习后，建议你在需要时自行尝试完成 Kubeflow 生态系统中的其他子项目。例如，如果你想调整模型的性能，可以使用 Katib 的自动化机器学习和超参数调优功能。

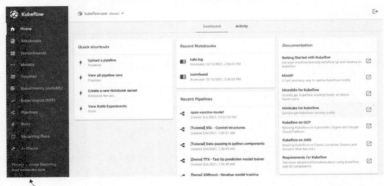

用户可以访问模型、流水线、实验、制品等，方便进行端到端模型机生命周期的迭代

图 8-6　Kubeflow UI 的截图

8.3.1　基础知识

接下来，我们将更深入地研究 Kubeflow 的分布式 Training Operator，并向上一节创建的 Kubernetes 本地集群中提交一个本地运行的分布式模型训练作业。首先，在我们之前创建的集群中新建并切换到一个专用的 kubeflow 命名空间。

代码清单 8-31　创建并切换到新的命名空间

```
> kubectl create ns kubeflow
```

```
> kns kubeflow
```

然后，返回到项目文件夹来安装我们需要的所有工具。

代码清单 8-32　安装所有工具

```
> cd code/project
> kubectl kustomize manifests | k apply -f -
```

我们已经在此项目文件夹中打包好了所有必要的工具：

- Kubeflow Training Operator，我们将在本章中使用它来进行分布式模型训练。
- Argo Workflows (https://github.com/argoproj/argo-workflows)，我们将在第 9 章中讨论工作流编排，并将所有组件链接到机器学习流水线中。现在可以暂时忽略 Argo Workflows。

如前所述，Kubeflow Training Operator 提供了 Kubernetes 自定义资源，用户可以轻松地在 Kubernetes 上运行分布式和非分布式的 TensorFlow、PyTorch、Apache MXNet、XGBoost 或 MPI 作业。

在深入研究 Kubeflow 之前，我们需要了解什么是自定义资源。自定义资源是 Kubernetes API 的扩展，不一定在默认的 Kubernetes 安装中就可用。自定义资源所代表的是对特定 Kubernetes 安装的一种定制。不过，很多 Kubernetes 核心功能现在都用定制资源来实现，这使得 Kubernetes 更加模块化(http://mng.bz/lWw2)。

定制资源可以通过动态注册的方式在运行中的集群内出现或消失，集群管理员可以独立于集群来更新定制资源。一旦某定制资源被安装，用户可以使用 kubectl 来创建和访问其中的对象，就像他们为 Pod 这种内置资源所做的一样。例如，以下代码清单定义了 TFJob 自定义资源，它允许我们实例化分布式 TensorFlow 训练作业并将其提交到 Kubernetes 集群中。

代码清单 8-33　TFJob 自定义资源

```
apiVersion: apiextensions.k8s.io/v1
kind: CustomResourceDefinition
metadata:
  annotations:
    controller-gen.kubebuilder.io/version: v0.4.1
  name: tfjobs.kubeflow.org
spec:
  group: kubeflow.org
  names:
    kind: TFJob
    listKind: TFJobList
```

```
plural: tfjobs
singular: tfjob
```

　　所有实例化的 TFJob 自定义资源对象(tfjobs)将由 Training Operator 处理。代码清单 8-34 定义了如何部署 Training Operator，该 Operator 运行了状态控制器，以持续监听和处理提交的 tfjobs 对象。

代码清单 8-34 部署 Training Operator

```yaml
apiVersion: apps/v1
kind: Deployment
metadata:
  name: training-operator
  labels:
    control-plane: kubeflow-training-operator
spec:
  selector:
    matchLabels:
      control-plane: kubeflow-training-operator
  replicas: 1
  template:
    metadata:
      labels:
        control-plane: kubeflow-training-operator
      annotations:
        sidecar.istio.io/inject: "false"
    spec:
      containers:
        - command:
            - /manager
          image: kubeflow/training-operator
          name: training-operator
          env:
            - name: MY_POD_NAMESPACE
              valueFrom:
                fieldRef:
                  fieldPath: metadata.namespace
            - name: MY_POD_NAME
              valueFrom:
                fieldRef:
                  fieldPath: metadata.name
          securityContext:
            allowPrivilegeEscalation: false
          livenessProbe:
            httpGet:
              path: /healthz
              port: 8081
            initialDelaySeconds: 15
            periodSeconds: 20
```

```
    readinessProbe:
      httpGet:
        path: /readyz
        port: 8081
      initialDelaySeconds: 5
      periodSeconds: 10
    resources:
      limits:
        cpu: 100m
        memory: 30Mi
      requests:
        cpu: 100m
        memory: 20Mi
    serviceAccountName: training-operator
    terminationGracePeriodSeconds: 10
```

通过这种抽象，数据科学团队可以专注于在 TensorFlow 中编写 Python 代码
(这些代码将作为 TFJob 规范的一部分)，而不需要自己管理基础设施。现在，
我们可以跳过底层细节并使用 TFJob 来实现我们的分布式模型训练。接下来，
在名为 tfjob.yaml 的文件中定义 TFJob。

代码清单 8-35 TFJob 定义示例

```
apiVersion: kubeflow.org/v1
kind: TFJob
metadata:
  namespace: kubeflow
  generateName: distributed-tfjob
spec:
  tfReplicaSpecs:
    Worker:
      replicas: 2
      restartPolicy: OnFailure
      template:
        spec:
          containers:
            - name: tensorflow
              image: gcr.io/kubeflow-ci/tf-mnist-with-summaries:1.0
              command:
                - "python"
                - "/var/tf_mnist/mnist_with_summaries.py"
                - "--log_dir=/train/metrics"
                - "--learning_rate=0.01"
                - "--batch_size=100"
```

在此示例中，我们向控制器提交了一个带有两个工作副本的分布式 TensorFlow 训练模型，其中每个工作副本遵循相同的容器定义，同时运行 MNIST 图像分类示例。

定义完成后，我们可以通过以下命令将其提交到本地的 Kubernetes 集群。

代码清单 8-36　提交 TFJob

```
> kubectl create -f basics/tfjob.yaml
tfjob.kubeflow.org/distributed-tfjob-qc8fh created
```

我们可以通过获取 TFJob 列表来查看 TFJob 是否提交成功。

代码清单 8-37　获取 TFJob 列表

```
> kubectl get tfjob

NAME                          AGE
Distributed-tfjob-qc8fh       1s
```

当获取 Pod 列表时，我们可以看到已创建并开始运行的两个 Pod：`distri buted-tfjob-qc8fh-worker-1` 和 `distribution-tfjob-qc8fh-worker-0`。其他 Pod 可以忽略，因为它们是运行 Kubeflow 和 Argo Workflow Operator 的 Pod。

代码清单 8-38　获取 Pod 列表

```
> kubectl get pods

NAME                                   READY   STATUS    RESTARTS   AGE
workflow-controller-594494ffbd-2dpkj   1/1     Running   0          21m
training-operator-575698dc89-mzvwb     1/1     Running   0          21m
argo-server-68c46c5c47-vfh82           1/1     Running   0          21m
distributed-tfjob-qc8fh-worker-1       1/1     Running   0          10s
distributed-tfjob-qc8fh-worker-0       1/1     Running   0          12s
```

一个机器学习系统由许多不同的组件组成。我们仅使用 Kubeflow 提交分布式模型训练作业，但还没有与其他组件连接。在下一节中，我们将探索 Argo Workflows 的基本功能，在单个工作流中连接不同的步骤，使它们可以按特定顺序执行。

8.3.2　练习

1. 如果模型训练需要使用参数服务器，你能用 `TFJob` 来描述吗？

8.4　Argo Workflows：容器原生工作流引擎

　　Argo 项目是一套用于在 Kubernetes 上部署并运行应用程序和工作负载的开源工具套件。它扩展了 Kubernetes API，并在应用程序部署、容器编排、事件自动化、灰度交付等方面解锁了强大功能。它由四个核心项目组成：Argo CD、Argo Rollouts、Argo Events 和 Argo Workflows。除了这些核心项目，许多其他生态系统项目都基于 Argo、扩展 Argo 或与 Argo 协作。与 Argo 相关的完整资源列表可以在 https://github.com/terrytangyuan/awesome-argo 中找到。

　　Argo CD 是 Kubernetes 的声明式 GitOps 应用程序交付工具。它在 Git 中声明式地管理应用程序定义、配置和环境。Argo CD 使 Kubernetes 应用程序部署和生命周期管理自动化、可审计且易于理解。它配备了一个 UI 界面，因此工程师可以清楚地看到集群中发生了什么，并监控应用程序的部署情况。图 8-7 是 Argo CD UI 界面中资源树的截图。

图 8-7　Argo CD UI 界面中资源树的截图

　　Argo Rollouts 是一个 Kubernetes 控制器和一组自定义资源，提供了灰度部署功能。它向 Kubernetes 集群引入了蓝绿和金丝雀部署、金丝雀分析、实验和灰度交付功能。

　　接下来是 Argo Events，它是一个基于事件的 Kubernetes 依赖项管理器。它可以定义来自各种事件源(如 webhooks、Amazon S3、计划和流)的多个依赖项，并在成功解决事件依赖项后触发 Kubernetes 对象。可用事件源的完整列表如图 8-8 所示。

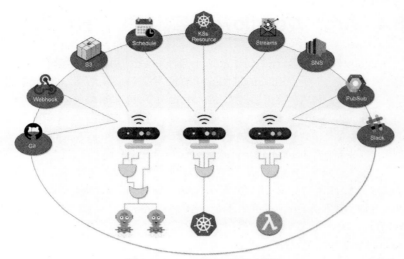

图 8-8　Argo Events 中可用的事件源

最后，Argo Workflows 是一个容器原生工作流引擎，用于编排并行任务，并以 Kubernetes 自定义资源的形式实现。用户可以定义工作流，其中每个步骤都是一个单独的容器，它将多步骤工作流建模为任务序列或使用图来描述任务之间的依赖关系，并运行用于机器学习或数据处理的计算密集型任务。用户经常将 Argo Workflows 与 Argo Events 一起配合使用来触发基于事件的工作流。Argo Workflows 主要用于机器学习流水线、数据处理、ETL(提取、转换、加载)、基础设施自动化、持续交付和集成等场景。

Argo Workflows 还提供了命令行工具 (Command Line Interface，CLI)、服务器、UI 界面和不同语言的 SDK 接口。CLI 命令行工具对于管理工作流以及通过命令行执行诸如提交、暂停和删除工作流等操作非常有用。服务器用于与其他服务集成，提供 REST 和 gRPC 两种服务接口。UI 界面对于管理和可视化工作流以及工作流创建的任何制品、日志包括查看其他信息(例如，资源使用情况分析)都非常有用。我们将介绍一些 Argo Workflows 示例来为我们的项目做准备。

8.4.1　基础知识

在查看一些示例之前，我们先确保已经有 Argo Workflows UI 界面。它是可选的，虽然用户仍然可以在命令行中通过 kubectl 直接与 Kubernetes 交互，但在 UI 界面中能将有向无环图(Directed Acyclic Graph，DAG)可视化以及直观地使用其他功能可以提升用户体验。默认情况下，Argo Workflows UI 界面服务不会暴露外部 IP 提供公开访问。要访问 UI 界面，请使用以下代码清单中介绍的方法。

代码清单 8-39　端口转发 Argo 服务器

```
> kubectl port-forward svc/argo-server 2746:2746
```

接下来，通过以下 URL 来访问 UI 界面：https://localhost:2746。或者，你可以公开一个负载均衡器的外部 IP 来访问本地集群中的 Argo Workflows UI 界面。更多详细信息，请查看官方文档：https://argoproj.github.io/argo-workflows/argo-server/。图 8-9 是 Map-Reduce 风格工作流的 Argo Workflows UI 界面的截图。

图 8-9　描述 Map-Reduce 风格工作流的 Argo Workflows UI 界面的截图

以下代码清单是 Argo Workflows 的基本"hello world"示例。我们可以为这个工作流指定容器镜像和启动命令，并打印出"hello world"消息。

代码清单 8-40　Hello world 示例

```
apiVersion: argoproj.io/v1alpha1
kind: Workflow
metadata:
  generateName: hello-world
spec:
  entrypoint: whalesay
  serviceAccountName: argo
  templates:
  - name: whalesay
    container:
      image: docker/whalesay
```

```
command: [cowsay]
args: ["hello world"]
```

让我们继续将工作流提交到集群。

代码清单 8-41 提交工作流

```
> kubectl create -f basics/argo-hello-world.yaml
workflow.argoproj.io/hello-world-zns4g created
```

然后我们可以检查工作流是否提交成功并开始运行。

代码清单 8-42 获取工作流列表

```
> kubectl get wf

NAME                  STATUS     AGE
hello-world-zns4g     Running    2s
```

一旦工作流状态变为成功(Succeeded)，我们就可以检查工作流创建的 Pod 对应的状态。首先，找到与工作流关联的所有 Pod。可以使用标签选择器来获取 Pod 列表。

代码清单 8-43 获取属于该工作流的 Pod 列表

```
> kubectl get pods -l workflows.argoproj.io/workflow=hello-world-zns4g

NAME                  READY   STATUS      RESTARTS   AGE
hello-world-zns4g     0/2     Completed   0          8m57s
```

一旦知道了 Pod 名称，我们就可以获取该 Pod 对应的日志。

代码清单 8-44 检查 Pod 日志

```
> kubectl logs hello-world-zns4g -c main
```

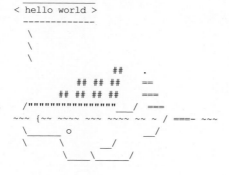

正如预期的那样，我们得到的日志与前几节中 Kubernetes Pod 的日志相同，因为这个工作流仅运行了一个 "hello world" 步骤。

下一个示例使用资源模板，你可以在其中指定将由工作流提交到 Kubernetes 集群的 Kubernetes 自定义资源。

这里，我们使用简单的键值对创建了一个名为 cm-example 的 Kubernetes ConfigMap 配置。ConfigMap 是 Kubernetes 原生对象，用于存储键值对。

代码清单 8-45　资源模板

```
apiVersion: argoproj.io/v1alpha1
kind: Workflow
metadata:
  generateName: k8s-resource
spec:
  entrypoint: k8s-resource
  serviceAccountName: argo
  templates:
  - name: k8s-resource
    resource:
      action: create
      manifest: |
        apiVersion: v1
        kind: ConfigMap
        metadata:
          name: cm-example
        data:
          some: value
```

这个示例适用于 Python 用户，用户可以将 Python 脚本作为模板定义的一部分。我们可以使用内置的随机 Python 模块生成一些随机数。或者，你可以在容器模板内指定脚本的执行逻辑，而无需编写内联 Python 代码，如 "hello world" 示例中所示。

代码清单 8-46　脚本模板

```
apiVersion: argoproj.io/v1alpha1
kind: Workflow
metadata:
  generateName: script-tmpl
spec:
  entrypoint: gen-random-int
  serviceAccountName: argo
  templates:
  - name: gen-random-int
```

```
script:
  image: python:alpine3.6
  command: [python]
  source: |
    import random
    i = random.randint(1, 100)
    print(i)
```

让我们提交它。

代码清单 8-47　提交脚本模板工作流

```
> kubectl create -f basics/argo-script-template.yaml
workflow.argoproj.io/script-tmpl-c5lhb created
```

现在，检查它的日志，看看是否生成了随机数。

代码清单 8-48　检查 Pod 日志

```
> kubectl logs script-tmpl-c5lhb
25
```

到目前为止，我们只看到了单步工作流的示例。Argo Workflow 还允许用户通过指定每项任务的依赖关系，将工作流定义为有向无环图。使用有向无环图可以更简单地维护复杂的工作流，并在运行任务时支持最大程度的并行。

让我们看一下 Argo Workflows 创建的菱形有向无环图的示例。该图由四个步骤(A、B、C 和 D)组成，每个步骤之间都有依赖关系。例如，步骤 C 依赖于步骤 A，步骤 D 依赖于步骤 B 和 C。

代码清单 8-49　使用菱形有向无环图的示例

```
apiVersion: argoproj.io/v1alpha1
kind: Workflow
metadata:
  generateName: dag-diamond
spec:
  serviceAccountName: argo
  entrypoint: diamond
  templates:
  - name: echo
    inputs:
      parameters:
        - name: message
    container:
      image: alpine:3.7
      command: [echo, "{{inputs.parameters.message}}"]
```

```
 - name: diamond
   dag:
     tasks:
        - name: A
   template: echo
   arguments:
       parameters: [{name: message, value: A}]
    - name: B
      dependencies: [A]
      template: echo
      arguments:
       parameters: [{name: message, value: B}]
    - name: C
      dependencies: [A]
      template: echo
   arguments:
          parameters: [{name: message, value: C}]
    - name: D
   dependencies: [B, C]
   template: echo
   arguments:
          parameters: [{name: message, value: D}]
```

让我们提交它。

代码清单 8-50　提交有向无环图工作流

```
> kubectl create -f basics/argo-dag-diamond.yaml
workflow.argoproj.io/dag-diamond-6swfg created
```

工作流完成后，我们将看到每个步骤都有四个 Pod，其中每个步骤都会打印出其步骤名称：A、B、C 和 D。

代码清单 8-51　获取属于该工作流的 Pod 列表

```
> kubectl get pods -l workflows.argoproj.io/workflow=dag-diamond-6swfg
```

NAME	READY	STATUS	RESTARTS	AGE
dag-diamond-6swfg-echo-4189448097	0/2	Completed	0	76s
dag-diamond-6swfg-echo-4155892859	0/2	Completed	0	66s
dag-diamond-6swfg-echo-4139115240	0/2	Completed	0	66s
dag-diamond-6swfg-echo-4239780954	0/2	Completed	0	56s

在 Argo Workflows UI 界面中可以看到有向无环图的示意图。我们能更直观地看到工作流是如何在 UI 界面中以菱形流程执行的，如图 8-10 所示。

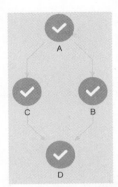

图8-10　UI 界面中菱形工作流的截图

　　接下来，我们将通过一个简单的抛硬币示例来展示 Argo Workflows 提供的条件语法。我们可以指定一个条件来决定是否要运行下一步。例如，首先运行 flip-coin 步骤，这是我们之前看到的 Python 脚本，如果结果返回正面，则运行名为 heads 的模板，它会打印结果为正面的日志。否则，打印出结果为反面的日志。因此，我们可以在不同步骤的 when 语句中指定这些条件。

代码清单 8-52　抛硬币示例

```
apiVersion: argoproj.io/v1alpha1
kind: Workflow
metadata:
 generateName: coinflip-
spec:
 serviceAccountName: argo
 entrypoint: coinflip
 templates:
 - name: coinflip
   steps:
   - - name: flip-coin
       template: flip-coin
   - - name: heads
       template: heads
       when: "{{steps.flip-coin.outputs.result}} == heads"
     - name: tails
       template: tails
       when: "{{steps.flip-coin.outputs.result}} == tails"

 - name: flip-coin
   script:
     image: python:alpine3.6
     command: [python]
```

```
    source: |
      import random
      result = "heads" if random.randint(0,1) == 0 else "tails"
      print(result)

  - name: heads
    container:
      image: alpine:3.6
      command: [sh, -c]
      args: ["echo \"it was heads\""]

  - name: tails
    container:
      image: alpine:3.6
      command: [sh, -c]
      args: ["echo \"it was tails\""]
```

让我们提交它。

代码清单 8-53　提交抛硬币工作流的示例

```
> kubectl create -f basics/argo-coinflip.yaml
workflow.argoproj.io/coinflip-p87ff created
```

图 8-11 是这个 `flip-coin` 工作流在 UI 界面中的截图。

图 8-11　UI 界面中 `flip-coin` 工作流的截图

当获取工作流列表时，我们只看到两个 Pod。

代码清单 8-54　获取属于该工作流的 Pod 列表

```
> kubectl get pods -l workflows.argoproj.io/workflow=coinflip-p87ff

coinflip-p87ff-flip-coin-1071502578  0/2     Completed  0   23s
coinflip-p87ff-tails-2208102039      0/2     Completed  0   13s
```

我们可以检查 `flip-coin` 步骤的日志，看看它是否打印出结果为反面，因为下一个待执行的步骤是 `tails` 步骤：

```
> kubectl logs coinflip-p87ff-flip-coin-1071502578
tails
```

我们刚刚学习了 Argo Workflows 的基本语法，它是我们学习下一章的前提条件。在下一章中，我们将使用 Argo Workflows 来实现端到端机器学习工作流，该工作流由第 7 章中介绍的系统组件组成。

8.4.2 练习

1. 除了使用 `{{steps.flip-coin.outputs.result}}` 来访问每个步骤的输出，还有哪些其他可用的变量？
2. 能否通过 Git 提交或其他事件来自动触发工作流？

8.5 习题答案

8.1 节

1. 可以，通过以下代码实现：`model =tf.keras.models.load_model('my_model.h5');modele.evaluate(x_test, y_test)`。
2. 可以，将调节器更改为 `kt.RandomSearch(model_builder)` 即可。

8.2 节

1. `kubectl get pod <pod-name> -o json`。
2. 可以，除了现有的单个容器外，你还可以在 `pod.spec.containers` 中定义多个容器。

8.3 节

1. 与工作副本类似，在 `TFJob` 规范中定义 `ParameterServer` 副本以指定参数服务器的数量。

8.4 节

1. 完整的列表可在此处获取：http://mng.bz/d1Do。
2. 可以，你可以使用 Argo Events 来监控 Git 事件并触发工作流。

8.6　本章小结

- 我们使用 TensorFlow 在单台机器上通过 MNIST 数据集训练了一个机器学习模型。
- 我们学习了 Kubernetes 的基本概念，并在本地搭建和运行 Kubernetes 集群。
- 我们通过 Kubeflow 向 Kubernetes 提交分布式模型训练任务。
- 我们了解了不同类型的模板，以及如何使用 Argo Workflows 来定义有向无环图或顺序步骤。

第**9**章
完整实现

本章内容
- 使用 TensorFlow 实现数据摄取组件
- 定义机器学习模型并提交分布式模型训练作业
- 实现单实例模型服务器和副本模型服务器
- 为机器学习系统构建高效的端到端工作流

在上一章中，我们学习了将在项目中使用的四种核心技术的基础知识：TensorFlow、Kubernetes、Kubeflow 和 Argo Workflows。我们了解到 TensorFlow 执行数据处理、模型构建和模型评估。还学习了 Kubernetes 的基本概念，并启动了本地 Kubernetes 集群，我们将使用它作为核心分布式基础设施。此外，我们还成功使用 Kubeflow 向本地 Kubernetes 集群提交了分布式模型训练作业。最后，我们学习了如何使用 Argo Workflows 来构建和提交基本的"hello world"工作流和复杂的有向无环图(Directed Acyclic Graph，DAG)结构的工作流。

在本章中，我们将使用第 7 章中设计的架构来实现端到端机器学习系统。我们将使用之前讨论的模式完整地实现每个组件。例如，使用一些流行的框架和前沿技术，特别是在第 8 章中介绍过的 TensorFlow、Kubernetes、Kubeflow、Docker 和 Argo Workflows 来构建本章中分布式机器学习工作流的不同组件。

9.1　数据摄取

端到端工作流中的第一个组件是数据摄取。我们将使用 2.2 节中介绍的 Fashion-MNIST 数据集来构建数据摄取组件。图 9-1 在端到端工作流左侧的深色框中显示了该组件。

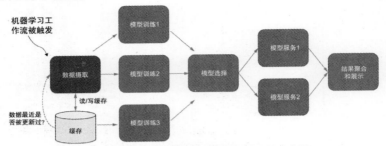

图 9-1 端到端机器学习系统中的数据摄取组件(深色框)

回想一下,该数据集由 60,000 个训练样本和 10,000 个测试样本组成。每个样本都是一个 28×28 的灰度图像,代表了 Zalando 的一个商品图像,并与 10 个类别商品中的一个标签相关联。此外,Fashion-MNIST 数据集旨在作为原始 MNIST 数据集的直接替代品,用于对机器学习算法进行基准测试。它保持了相同的图像大小以及用于训练和测试分割的结构。图 9-2 是 Fashion-MNIST 数据集中 10 个类别商品(T 恤/上衣、裤子、套头衫、连衣裙、外套、凉鞋、衬衫、运动鞋、包和靴子)的图像集合,其中每个类别商品在图像集中占三行。图 9-3 显示了训练集中的前几个样本图像以及每个图像对应的文本标签。

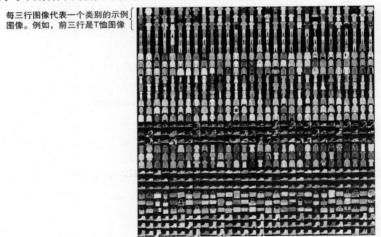

图 9-2 Fashion-MNIST 数据集中 10 个类别商品(T 恤/上衣、裤子、套头衫、连衣裙、外套、凉鞋、衬衫、运动鞋、包和靴子)的图像集合

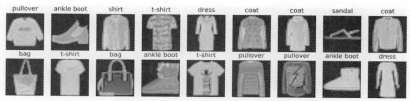

图 9-3　训练集中的前几个样本图像及其相应的文本标签

在 9.1.1 节中，我们将介绍用于摄取 Fashion-MNIST 数据集的单节点数据流水线的实现。此外，9.1.2 节将介绍分布式数据流水线的实现，为 9.2 节中介绍的分布式模型训练准备数据。

9.1.1　单节点数据流水线

首先，我们来看看如何构建一个单节点数据流水线，这个流水线可以在你的笔记本电脑上本地运行，不需要使用本地 Kubernetes 集群。用 TensorFlow 编写的机器学习程序使用数据的最佳方式是通过 tf.data 模块中的方法。tf.data API 能够让用户轻松构建复杂的输入流水线。例如，图像模型的流水线可能会聚合各个文件系统中的数据，随机转换每个图像，并从图像中创建多个批次进行模型训练。

用户通过 tf.data API 能够处理大量数据，从不同的数据格式中读取数据并执行复杂的转换操作。它包含一个 tf.data.Dataset 抽象，代表一个元素列表，其中每个元素由一个或多个组件组成。让我们使用图像流水线来说明这一点。图像输入流水线中的元素可能是单个训练样本，其中一对张量组件代表了该图像及其对应的标签。

以下代码清单提供了将 Fashion-MNIST 数据集加载到 tf.data.Dataset 对象中的代码片段，并执行一些必要的预处理步骤来为我们的模型训练做准备：

1. 将数据集从范围[0, 255]缩放到[0, 1]。
2. 将图像的多维数组转换为模型可以接受的 float32 类型。
3. 选择训练数据，将其缓存在内存中以加快训练速度，并以缓冲区大小为 10,000 的方式打乱。

代码清单 9-1　加载 Fashion-MNIST 数据集

```
import tensorflow_datasets as tfds
import tensorflow as tf
def make_datasets_unbatched():
  def scale(image, label):
  image = tf.cast(image, tf.float32)
```

```
    image /= 255
    return image, label
datasets, _ = tfds.load(name='fashion_mnist',
    with_info=True, as_supervised=True)
return datasets['train'].map(scale).cache().shuffle(10000)
```

我们导入了 `tensorflow_datasets` 模块。TensorFlow Datasets 模块由用于图像分类、目标检测、文档摘要等各种任务的数据集组成，可与 TensorFlow 和其他 Python 机器学习框架一起使用。

`tf.data.Dataset` 对象是一个打乱的数据集，其中每个元素由图像、带有 `shape` 属性的标签和数据类型信息组成，如下所示。

代码清单 9-2 检查 tf.data 对象

```
>>> ds = make_datasets_unbatched()
>>> ds
<ShuffleDataset element_spec=(
 TensorSpec(shape=(28, 28, 1),
 dtype=tf.float32, name=None),
TensorSpec(shape=(), dtype=tf.int64, name=None))>
```

9.1.2 分布式数据流水线

现在让我们看看如何分布式地使用数据集。我们将在下一节中使用 `tf.distribute.MultiWorkerMirroredStrategy` 策略进行分布式训练。假设我们已经实例化了一个策略对象。我们将在 `strategy.scope()` 内通过使用 Python 的 `with` 语法实例化数据集，同时使用之前为单节点用例定义的相同函数。

我们需要调整一些配置来构建分布式输入流水线。首先，我们创建重复的数据批次，其中总 batch size 等于每个副本的 batch size 乘以聚合梯度的副本数量。这确保了我们有足够的数据来训练每个模型训练节点中的每个批次。换句话说，同步中的副本数量等于模型训练期间参与梯度 allreduce 操作的设备数量。例如，当用户或训练代码在分布式数据迭代器上调用 `next()` 函数时，每个副本上都会返回一个 batch size 大小的数据。重新批处理(rebatch)的数据集大小将始终是副本数量的倍数。

此外，我们希望配置 `tf.data` 以启用自动数据分片。由于数据集是分布式的，因此在多机训练模式下输入的数据集将被自动分片。更具体地说，每个数据集将在工作节点的 CPU 上创建，并且当 `tf.data.experimental.AutoShardPolicy` 设置为 `AutoShardPolicy.DATA` 时，每组工作节点将在整个数据集的子集上训练模型。这样做的好处是，在每个模型训练步骤中，每个工作节点将处理一组全局 batch size 的非重叠数据集元素。每个工作节点将处理整个数据集并丢弃不属于自己的部分。为了使此模式正确划分数据集元素，数据集需要按确定的顺序生成元素，这可以通过使用 TensorFlow Datasets 库来实现。

代码清单 9-3　配置分布式数据流水线

```
BATCH_SIZE_PER_REPLICA = 64
BATCH_SIZE = BATCH_SIZE_PER_REPLICA * strategy.num_replicas_in_sync
with strategy.scope():
  ds_train = make_datasets_unbatched().batch(BATCH_SIZE).repeat()
  options = tf.data.Options()
  options.experimental_distribute.auto_shard_policy = \
    tf.data.experimental.AutoShardPolicy.DATA
  ds_train = ds_train.with_options(options)
  model = build_and_compile_model()
model.fit(ds_train, epochs=1, steps_per_epoch=70)
```

9.2　模型训练

我们已经介绍了本地节点和分布式数据流水线中数据摄取组件的实现，并讨论了如何在不同的工作节点之间正确地对数据集分片，以便它能够与分布式模型训练一起工作。在本节中，我们将深入探讨模型训练组件的实现细节。模型训练组件的架构图如图 9-4 所示。

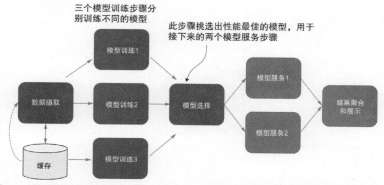

图 9-4　整体架构中的模型训练组件示意图。在三个不同的模型训练步骤后是模型选择步骤。这些模型训练步骤将训练出三个不同的模型：CNN、带舍弃层的 CNN 和带批量归一化层的 CNN，它们之间相互竞争以获得更好的统计性能

我们将在 9.2.1 节中学习如何使用 TensorFlow 来定义这三个模型，并在 9.2.2 节中学习如何使用 Kubeflow 执行分布式模型训练作业。在 9.2.3 节中，我们将实现模型选择步骤，该步骤选择将在接下来的模型服务组件中使用的性能最佳模型。

9.2.1　模型定义和单节点训练

接下来，我们将使用 TensorFlow 代码来定义和初始化第一个模型，即我们在前面章节中介绍的带有三个卷积层的卷积神经网络(Convolutional Neural Network，CNN)模型。首先，使用 Sequential() 初始化模型，这意味着我们将按顺序依次添加层。第一层是输入层(input layer)，我们在其中指定之前定义的输入流水线的 shape 属性。同时，我们为输入层命了名，以便可以在推理输入中传递正确的键，我们将在 9.3 节中更深入地讨论这一点。

添加了输入层后，我们在顺序模型中添加了三个卷积层(convolutional layers)，然后是最大池化层(max-pooling layers)和稠密层(dense layers)。然后，我们将打印出模型架构的摘要，并以 Adam 作为优化器(optimizer)、以准确率作为评估模型的指标、以稀疏分类交叉熵(sparse categorical cross-entropy)作为损失函数来编译模型。

代码清单 9-4　定义基本的 CNN 模型

```
def build_and_compile_cnn_model():
 print("Training CNN model")
 model = models.Sequential()
 model.add(layers.Input(shape=(28, 28, 1), name='image_bytes'))
 model.add(
        layers.Conv2D(32, (3, 3), activation='relu'))
 model.add(layers.MaxPooling2D((2, 2)))
 model.add(layers.Conv2D(64, (3, 3), activation='relu'))
 model.add(layers.MaxPooling2D((2, 2)))
 model.add(layers.Conv2D(64, (3, 3), activation='relu'))
 model.add(layers.Flatten())
 model.add(layers.Dense(64, activation='relu'))
 model.add(layers.Dense(10, activation='softmax'))
 model.summary()
 model.compile(optimizer='adam',
        loss='sparse_categorical_crossentropy',
        metrics=['accuracy'])
 return model
```

我们成功定义了基本的 CNN 模型。接下来，我们再基于 CNN 模型定义两个模型。第一个模型添加了批量归一化层，让特定层中每个神经元的预激活均值和单位标准差为零。另一个模型添加了舍弃层，其中一半的隐藏单元将被随机丢弃，以降低模型的复杂性并加快计算速度。其余代码与基本的 CNN 模型相同。

代码清单 9-5　定义基本的 CNN 模型变体

```python
def build_and_compile_cnn_model_with_batch_norm():
  print("Training CNN model with batch normalization")
  model = models.Sequential()
  model.add(layers.Input(shape=(28, 28, 1), name='image_bytes'))
  model.add(
          layers.Conv2D(32, (3, 3), activation='relu'))
  model.add(layers.BatchNormalization())
  model.add(layers.Activation('sigmoid'))
  model.add(layers.MaxPooling2D((2, 2)))
  model.add(layers.Conv2D(64, (3, 3), activation='relu'))
  model.add(layers.BatchNormalization())
  model.add(layers.Activation('sigmoid'))
  model.add(layers.MaxPooling2D((2, 2)))
  model.add(layers.Conv2D(64, (3, 3), activation='relu'))
  model.add(layers.Flatten())
  model.add(layers.Dense(64, activation='relu'))
  model.add(layers.Dense(10, activation='softmax'))

  model.summary()

  model.compile(optimizer='adam',
          loss='sparse_categorical_crossentropy',
          metrics=['accuracy'])
  return model
def build_and_compile_cnn_model_with_dropout():
  print("Training CNN model with dropout")
  model = models.Sequential()
  model.add(layers.Input(shape=(28, 28, 1), name='image_bytes'))
  model.add(
          layers.Conv2D(32, (3, 3), activation='relu'))
  model.add(layers.MaxPooling2D((2, 2)))
  model.add(layers.Conv2D(64, (3, 3), activation='relu'))
  model.add(layers.MaxPooling2D((2, 2)))
  model.add(layers.Dropout(0.5))
  model.add(layers.Conv2D(64, (3, 3), activation='relu'))
  model.add(layers.Flatten())
  model.add(layers.Dense(64, activation='relu'))
  model.add(layers.Dense(10, activation='softmax'))

  model.summary()
```

```
model.compile(optimizer='adam',
              loss='sparse_categorical_crossentropy',
              metrics=['accuracy'])
return model
```

模型定义好后，我们可以在笔记本电脑上本地训练它们。我们以基本的CNN 模型为例，创建四个将要在模型训练期间执行的回调函数：

1. PrintLR：在每个 epoch 结束时打印学习率的回调函数。

2. TensorBoard：启动交互式 TensorBoard 可视化的回调函数，以监控训练进度和模型架构。

3. ModelCheckpoint：保存模型权重以供后续模型推理的回调函数。

4. LearningRateScheduler：在每个 epoch 结束时衰减学习率的回调函数。

一旦定义了这些回调函数，我们将其传递给 fit() 方法进行训练。fit() 方法使用指定的 epoch 数量和每个 epoch 的 step 数量来训练模型。请注意，这里的数字仅用于演示，是为了加快我们的本地实验速度，并不足以在实际应用中训练出高质量的模型。

代码清单 9-6 使用回调函数进行模型训练

```
single_worker_model = build_and_compile_cnn_model()
checkpoint_prefix = os.path.join(args.checkpoint_dir, "ckpt_{epoch}")

class PrintLR(tf.keras.callbacks.Callback):
  def on_epoch_end(self, epoch, logs=None):
          print('\nLearning rate for epoch {} is {}'.format(
          epoch + 1, multi_worker_model.optimizer.lr.numpy()))
  callbacks = [
          tf.keras.callbacks.TensorBoard(log_dir='./logs'),
          tf.keras.callbacks.ModelCheckpoint(filepath=checkpoint_prefix,
          save_weights_only=True),
          tf.keras.callbacks.LearningRateScheduler(decay),
          PrintLR()
]

single_worker_model.fit(ds_train,
                        epochs=1,
                        steps_per_epoch=70,
                        callbacks=callbacks)
```

我们将在日志中看到如下的模型训练进度：

```
Learning rate for epoch 1 is 0.0010000000474974513
70/70 [=======] - 16s 136ms/step - loss: 1.2853
- accuracy: 0.5382 - lr: 0.0010
```

Here's the summary of the model architecture in the logs:
Model: "sequential"

```
Layer (type) Output Shape Param #
=================================================
conv2d (Conv2D)                  (None, 26, 26, 32)          320
max_pooling2d (MaxPooling2D)     (None, 13, 13, 32)            0
conv2d_1 (Conv2D)                (None, 11, 11, 64)        18496
max_pooling2d_1                  (MaxPooling2D) (None, 5, 5, 64)   0
conv2d_2 (Conv2D)                (None, 3, 3, 64)          36928
flatten (Flatten)                (None, 576)                   0
dense (Dense)                    (None, 64)                36928
dense_1 (Dense)                  (None, 10)                  650
=================================================
Total params: 93,322
Trainable params: 93,322
Non-trainable params: 0
```

基于这个摘要，在此过程中将训练 93,000 个参数。每层参数的 shape 属性和数量也可以在摘要中找到。

9.2.2　分布式模型训练

现在我们已经定义了模型并可以在单机中本地训练它们，下一步在代码中插入分布式训练逻辑，以便可以使用之前介绍过的集合通信模式。我们将使用包含 MultiWorkerMirroredStrategy 策略的 tf.distribute 模块。这是一个用于在多个工作节点上进行同步训练的分布式策略。它会在所有工作节点的每个设备上创建模型层中所有变量的副本。该策略使用分布式集合通信实现(如 allreduce)，因此多个节点可以同时工作以加快训练速度。如果你没有合适的 GPU，则可以将 communications_options 替换为其他实现方式。由于我们希望分布式训练可以在没有 GPU 的多个节点上运行，因此将其替换为 CollectiveCommunication.AUTO，以便它自动选择任何可用的硬件。

一旦定义了分布式训练策略，我们将根据该策略启动分布式输入数据流水线 (如前面 9.1.2 节中所述) 和模型。需要注意的是，我们必须在 strategy.scope() 内定义模型，因为 TensorFlow 知道如何根据策略将模型层中的变量复制到每个工作节点中。这里我们根据传递给 Python 脚本的命令行参数来定义不同的模型类型(CNN、带舍弃层的 CNN 和带批量归一化层的 CNN)。

其他的命令行参数我们很快就会讨论到。在 strategy.scope() 中定义了数据流水线和模型后，我们在 strategy.scope() 外使用 fit() 函数训练模型。

代码清单 9-7 分布式模型训练逻辑

```
strategy = tf.distribute.MultiWorkerMirroredStrategy(
  communication_options=tf.distribute.experimental.CommunicationOptions(
  implementation=tf.distribute.experimental.CollectiveCommunication.AUTO))

BATCH_SIZE_PER_REPLICA = 64
BATCH_SIZE = BATCH_SIZE_PER_REPLICA * strategy.num_replicas_in_sync

with strategy.scope():
  ds_train = make_datasets_unbatched().batch(BATCH_SIZE).repeat()
  options = tf.data.Options()
  options.experimental_distribute.auto_shard_policy = \
          tf.data.experimental.AutoShardPolicy.DATA
  ds_train = ds_train.with_options(options)
  if args.model_type == "cnn":
    multi_worker_model = build_and_compile_cnn_model()
  elif args.model_type == "dropout":
    multi_worker_model = build_and_compile_cnn_model_with_dropout()
  elif args.model_type == "batch_norm":
    multi_worker_model = build_and_compile_cnn_model_with_batch_norm()
  else:
    raise Exception("Unsupported model type: %s" % args.model_type)

multi_worker_model.fit(ds_train,
                       epochs=1,
                       steps_per_epoch=70)
```

通过 fit() 函数完成模型训练后，我们需要保存模型。用户容易犯的一个常见错误是在所有工作节点上保存模型，这样模型可能无法正常保存，并且计算和存储资源会被浪费。保存模型的正确方法是只将模型保存在主(chief)节点上。我们可以检查环境变量 TF_CONFIG，它包含集群信息，如任务类型和索引，通过查看该环境变量可以知道该工作节点是否为主节点。此外，我们希望将模型保存到节点的唯一路径下，以避免出现意外错误。

代码清单 9-8 使用主节点保存模型

```
def is_chief():
  return TASK_INDEX == 0

tf_config = json.loads(os.environ.get('TF_CONFIG') or '{}')
TASK_INDEX = tf_config['task']['index']

if is_chief():
  model_path = args.saved_model_dir
else:
  model_path = args.saved_model_dir + '/worker_tmp_' + str(TASK_INDEX)
```

```
multi_worker_model.save(model_path)
```

到目前为止，我们已经看到了两个命令行参数，即 `saved_model_dir` 和 `model_type`。代码清单 9-9 提供了解析这些命令行参数的逻辑。除了这两个参数之外，还有另一个 `checkpoint_dir` 参数，我们使用它来将模型保存为 TensorFlowSavedModel 格式，该格式可以被模型服务组件解析并使用。

我们将在 9.3 节中详细讨论这个问题。除此之外，我们还禁用了 TensorFlow Datasets 模块的进度条，以减少日志输出。

代码清单 9-9 主函数入口

```
if __name__ == '__main__':
  tfds.disable_progress_bar()

  parser = argparse.ArgumentParser()
  parser.add_argument('--saved_model_dir',
                      type=str,
                      required=True,
                      help='Tensorflow export directory.')

  parser.add_argument('--checkpoint_dir',
                      type=str,
                      required=True,
                      help='Tensorflow checkpoint directory.')

  parser.add_argument('--model_type',
                      type=str,
                      required=True,
                      help='Type of model to train.')

  parsed_args = parser.parse_args()
  main(parsed_args)
```

我们刚刚编写完包含分布式模型训练逻辑的 Python 脚本。现在将其容器化，并构建用于在本地 Kubernetes 集群中运行的分布式训练镜像。在 Dockerfile 中，我们将使用 Python 3.9 基础镜像，通过 `pip` 命令安装 TensorFlow 和 TensorFlow Datasets 模块，并复制用于多机分布式训练的 Python 脚本。

代码清单 9-10 容器化

```
FROM python:3.9
RUN pip install tensorflow==2.11.0 tensorflow_datasets==4.7.0
COPY multi-worker-distributed-training.py /
```

　　然后我们从刚刚定义的 Dockerfile 中构建镜像。由于集群还无法访问本地镜像仓库,我们还需要将镜像导入到 k3d 集群中。然后将当前命名空间切换到 kubeflow。请参考第 8 章并按照说明安装该项目所需的组件。

代码清单 9-11　构建并导入 docker 镜像

```
> docker build -f Dockerfile -t kubeflow/multi-worker-strategy:v0.1 .
> k3d image import kubeflow/multi-worker-strategy:v0.1 --cluster distml
> kubectl config set-context --current --namespace=kubeflow
```

　　一旦 Pod 执行完成,Pod 中的所有文件都将被回收。由于我们在 Kubernetes Pod 中跨多个工作节点运行分布式模型训练,因此所有模型检查点存档都将丢失并且没有训练好的模型可模型服务进行。为了解决这个问题,我们将使用 PersistentVolume (PV) 和 PersistentVolumeClaim (PVC) 作为持久化存储。

　　PV 是集群中由管理员配置或组件动态配置的存储。它是集群中的一种资源,就像节点是集群的一种资源一样。PV 是像 Volumes 一样的卷插件,但是它们的生命周期独立于使用 PV 的任何一个 Pod。换句话说,即使 Pod 运行完成或被删除后,PV 仍将持续存在。

　　PVC 是用户对存储的请求。它类似于 Pod。Pod 使用节点资源,PVC 使用 PV 资源。Pod 可以请求特定级别的资源(CPU 和内存)。通过 PVC 可以请求特定大小的存储空间和访问模式(例如,它们可以被挂载为 ReadWriteOnce、ReadOnlyMany 或 ReadWriteMany 访问模式)。

　　让我们创建一个 PVC 来提交存储请求,该存储请求将用于在 Pod 中存储训练好的模型。在这里,我们提交一个请求,需要 1Gi 的存储空间,并且访问模式为 ReadWriteOnce。

代码清单 9-12　PVC 配置声明

```
kind: PersistentVolumeClaim
apiVersion: v1
metadata:
  name: strategy-volume
spec:
  accessModes: [ "ReadWriteOnce" ]
  resources:
    requests:
      storage: 1Gi
```

接下来,创建 PVC。

代码清单 9-13　创建 PVC

```
> kubectl create -f multi-worker-pvc.yaml
```

接下来，让我们定义第 7 章中介绍的 TFJob 配置，它使用了刚刚构建的包含分布式训练脚本的镜像。我们将必要的命令行参数传递给容器来训练基本的 CNN 模型。在 Worker 配置中，volumes 字段指定了我们刚刚创建的 PVC 的名称，而 containers 配置中的 volumeMounts 字段指定了在容器和数据卷之间挂载的目录。该模型将保存在数据卷中的/trained_model 目录下。

代码清单 9-14　分布式模型训练作业配置声明

```
apiVersion: kubeflow.org/v1
kind: TFJob
metadata:
  name: multi-worker-training
spec:
  runPolicy:
    cleanPodPolicy: None
  tfReplicaSpecs:
    Worker:
      replicas: 2
      restartPolicy: Never
      template:
        spec:
          containers:
            - name: tensorflow
              image: kubeflow/multi-worker-strategy:v0.1
              imagePullPolicy: IfNotPresent
              command: ["python",
        "/multi-worker-distributed-training.py",
        "--saved_model_dir",
        "/trained_model/saved_model_versions/2/",
        "--checkpoint_dir",
        "/trained_model/checkpoint",
        "--model_type", "cnn"]
              volumeMounts:
                - mountPath: /trained_model
                  name: training
                  resources:
                    limits:
                      cpu: 500m
          volumes:
            - name: training
              persistentVolumeClaim:
                claimName: strategy-volume
```

然后将这个 TFJob 提交到集群来开始分布式模型训练。

```
> kubectl create -f multi-worker-tfjob.yaml
```

一旦 Pod 运行完成，我们从 Pod 的日志中可以看到当前以分布式的方式训练了模型，并且工作节点之间正常地进行通信：

```
Started server with target:
grpc://multi-worker-training-worker-0.kubeflow.svc:2222
/job:worker/replica:0/task:1 has connected to coordination service.
/job:worker/replica:0/task:0 has connected to coordination service.
Coordination agent has successfully connected.
```

9.2.3　模型选择

到目前为止，我们已经实现了分布式模型训练组件。我们最终将训练三个不同的模型，如 9.2.1 节中所述，然后选择性能最佳的模型进行模型服务。假设我们已经提交了三个不同的 TFJobs，每个 TFJob 使用不同的模型类型完成了训练。

接下来，我们编写 Python 代码来加载测试数据集和训练好的模型，然后评估它们的性能。我们将通过 keras.models.load_model() 函数从不同的目录加载每个训练好的模型，并执行 model.evaluate() 来返回损失值和准确率。一旦找到准确率最高的模型，就可以将该模型复制为一个新的版本，放在一个新的目录中，将其命名为版本 4，然后被模型服务组件使用。

```
import numpy as np
import tensorflow as tf
from tensorflow import keras
import tensorflow_datasets as tfds
import shutil
import os

def scale(image, label):
  image = tf.cast(image, tf.float32)
  image /= 255
  return image, label

best_model_path = ""
best_accuracy = 0
for i in range(1, 4):
  model_path = "trained_model/saved_model_versions/" + str(i)
  model = keras.models.load_model(model_path)
```

```
datasets, _ = tfds.load(
  name='fashion_mnist', with_info=True, as_supervised=True)
ds = datasets['test'].map(scale).cache().shuffle(10000).batch(64)
_, accuracy = model.evaluate(ds)
if accuracy > best_accuracy:
  best_accuracy = accuracy
  best_model_path = model_path

destination = "trained_model/saved_model_versions/4"
if os.path.exists(destination):
  shutil.rmtree(destination)

shutil.copytree(best_model_path, destination)
print("Best model with accuracy %f is copied to %s" % (
  best_accuracy, destination))
```

`trained_model/saved_model_versions` 目录下的最新版本(版本 4)将被选取用于服务组件。我们将在下一节中具体讨论这个问题。

然后，我们将此 Python 脚本添加到 Dockerfile 中，重新构建容器镜像，并创建运行了模型选择组件的 Pod。以下是模型选择 Pod 的 YAML 配置文件。

代码清单 9-17　模型选择的 Pod 配置声明

```
apiVersion: v1
kind: Pod
metadata:
  name: model-selection
spec:
  containers:
  - name: predict
    image: kubeflow/multi-worker-strategy:v0.1
    command: ["python", "/model-selection.py"]
    volumeMounts:
    - name: model
      mountPath: /trained_model
  volumes:
  - name: model
    persistentVolumeClaim:
      claimName: strategy-volume
```

查看日志会发现第三个模型的准确率最高，因此我们把它复制成一个新的版本，供模型服务组件使用：

```
157/157 [======] - 1s 5ms/step - loss: 0.7520 - accuracy: 0.7155
157/157 [======] - 1s 5ms/step - loss: 0.7568 - accuracy: 0.7267
157/157 [======] - 1s 5ms/step - loss: 0.7683 - accuracy: 0.7282
```

9.3　模型服务

现在我们已经实现了分布式模型训练并在训练好的模型中进行模型选择。接下来将要实现的下一个组件是模型服务组件。模型服务组件对于最终用户体验至关重要，因为其结果将直接展示给用户，如果性能不足，用户能立刻感知到。图 9-5 展示了整体架构中的模型训练组件。

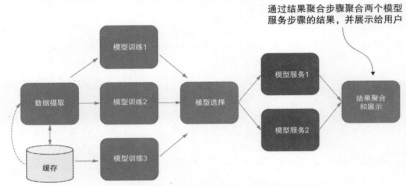

图 9-5　端到端机器学习系统中的模型服务组件(深色框)

在图 9-5 中，模型服务组件是处于模型选择和结果聚合步骤之间的两个深色框。我们首先来实现 9.3.1 节中介绍的单服务器模型推理组件，然后在 9.3.2 节中使其更具扩展性并提升性能。

9.3.1　单服务器模型推理

模型推理 Python 代码与模型评估代码非常相似。唯一的区别是我们加载了训练好的模型后使用 model.predict() 方法，而不是 evaluate() 方法。这是评估模型能否按预期进行预测的一种很好的方法。

代码清单 9-18　模型预测

```
import numpy as np
import tensorflow as tf
from tensorflow import keras
import tensorflow_datasets as tfds
model = keras.models.load_model("trained_model/saved_model_versions")
def scale(image, label):
  image = tf.cast(image, tf.float32)
```

```
  image /= 255
  return image, label
datasets, _ = tfds.load(
  name='fashion_mnist', with_info=True, as_supervised=True)
ds = datasets['test'].map(scale).cache().shuffle(10000).batch(64)
model.predict(ds)
```

安装完成后，你可以使用如下代码在本地启动一个 TensorFlow Serving(https://github.com/tensorflow/serving)服务。

代码清单 9-19　TensorFlow Serving 命令

```
tensorflow_model_server --model_name=flower-sample \
    --port=9000 \
    --rest_api_port=8080 \
    --model_base_path=trained_model/saved_model \
    --rest_api_timeout_in_ms=60000
```

如果我们只在本地进行实验，这看起来很简单并且效果很好。然而，还能使用更高效的方法来构建模型服务组件，这些方法能够为分布式模型服务的成功运行奠定基础，而这些模型服务采用了我们在前面章节中介绍的副本模型服务器模式。

在深入研究更好的解决方案之前，让我们确保训练好的模型可以正常地进行输入预测，输入数据是一个以 instances 和 image_bytes 为键的 JSON 结构图像字节列表，如下所示：

```
{
    "instances":[
        {
            "image_bytes":{
                "b64":"/9j/4AAQSkZJRgABAQAAAQABAAD
...
<truncated>
/hWY4+UVEhkoIYUx0psR+apm6VBRUZcUYFSuKZgUAf//Z"
            }
        }
    ]
}
```

现在是时候修改我们的分布式模型训练代码，以确保模型具有与我们提供的输入兼容的正确服务签名。我们定义了一个预处理函数，它执行以下操作：

(1) 从输入的字节中对图像进行解码。

(2) 将图像大小调整为 28×28，以兼容我们的模型架构。

(3) 将图像转换为 tf.uint8 类型。

(4) 定义输入签名，类型为 string，键为 image_bytes。

定义好了预处理函数，我们就可以通过 tf.TensorSpec() 来定义服务签名，然后将其传递给 tf.saved_model.save() 方法来保存与输入格式兼容的模型，并在 TensorFlow Serving 进行推理调用之前对其进行预处理。

代码清单 9-20 模型服务签名定义

```
def _preprocess(bytes_inputs):
    decoded = tf.io.decode_jpeg(bytes_inputs, channels=1)
    resized = tf.image.resize(decoded, size=(28, 28))
    return tf.cast(resized, dtype=tf.uint8)

def _get_serve_image_fn(model):
@tf.function(
  input_signature=[tf.TensorSpec([None],
    dtype=tf.string, name='image_bytes')])
    def serve_image_fn(bytes_inputs):
        decoded_images = tf.map_fn(_preprocess, bytes_inputs,
dtype=tf.uint8)
        return model(decoded_images)
    return serve_image_fn
signatures = {
    "serving_default":
    _get_serve_image_fn(multi_worker_model).get_concrete_function(
        tf.TensorSpec(shape=[None], dtype=tf.string,
name='image_bytes')
    )
  }

tf.saved_model.save(multi_worker_model, model_path, signatures=signatures)
```

修改了分布式模型训练脚本后，我们可以参考 9.2.2 节重新构建容器镜像并重新开始训练模型。

接下来，我们将使用在第 8 章中提到的 KServe 来创建推理服务。代码清单 9-21 提供了定义 KServe 推理服务的 YAML 配置。我们需要指定模型格式，以便 KServe 知道用什么组件来服务模型(如 TensorFlow Serving)。此外，我们需要向训练好的模型提供 URI。在这种情况下，我们可以指定 PVC 名称和所训练模型的路径，格式为 pvc://<pvc-name>/<model-path>。

代码清单 9-21 推理服务配置声明

```
apiVersion: serving.kserve.io/v1beta1
kind: InferenceService
metadata:
  name: flower-sample
```

```
spec:
  predictor:
    model:
      modelFormat:
      name: tensorflow
      storageUri: "pvc://strategy-volume/saved_model_versions"
```

安装 KServe 并创建推理服务。

代码清单 9-22　安装 KServe 并创建推理服务

```
> curl -s "https:/ /raw.githubusercontent.com/
  kserve/kserve/v0.10.0-rc1/hack/quick_install.sh" | bash
> kubectl create -f inference-service.yaml
```

检查服务的状态以确保它已准备好提供服务。

代码清单 9-23　获取推理服务的详细信息

```
> kubectl get isvc
NAME                 URL                              READY    AGE
flower-sample    <truncated…example.com>    True     25s
```

创建服务后，我们使用 `port-forward` 命令将其端口转发到本地，以便在本地向其发送请求。

代码清单 9-24　推理服务端口转发

```
> INGRESS_GATEWAY_SERVICE=$(kubectl get svc --namespace \
istio-system --selector="app=istio-ingressgateway" --output \
  jsonpath='{.items[0].metadata.name}')
> kubectl port-forward --namespace istio-system svc/${INGRESS_GATEWAY_SERVICE}
  8080:80
```

如果端口转发成功，能够看到以下输出：

```
Forwarding from 127.0.0.1:8080 -> 8080
Forwarding from [::1]:8080 -> 8080
```

打开另一个终端并执行以下 Python 脚本，向我们的模型服务组件发送一个推理请求，并打印出响应的文本内容。

代码清单 9-25　使用 Python 脚本发送推理请求

```
import requests
import json
input_path = "inference-input.json"
```

```
with open(input_path) as json_file:
   data = json.load(json_file)

r = requests.post(
 url="http:/ /localhost:8080/v1/models/flower-sample:predict",
 data=json.dumps(data),
 headers={'Host': 'flower-sample.kubeflow.example.com'})
print(r.text)
```

KServe 模型服务组件的响应(包括 Fashion-MNIST 数据集中每个类别商品的预测概率)如下:

```
{
  "predictions": [[0.0, 0.0, 1.22209595e-11,
    0.0, 1.0, 0.0, 7.07406329e-32, 0.0, 0.0, 0.0]]
}
```

也可以使用 curl 命令来发送请求。

代码清单 9-26　使用 curl 命令发送推理请求

```
# Start another terminal
export INGRESS_HOST=localhost
export INGRESS_PORT=8080
MODEL_NAME=flower-sample
INPUT_PATH=@./inference-input.json
SERVICE_HOSTNAME=$(kubectl get inferenceservice \
${MODEL_NAME} -o jsonpath='{.status.url}' | \
cut -d "/" -f 3)
curl -v -H "Host: ${SERVICE_HOSTNAME}" "http://$
{INGRESS_HOST}:${INGRESS_PORT}/v1/
 models/$MODEL_NAME:predict" -d $INPUT_PATH
```

输出的概率应该与我们刚刚看到的相同:

```
* Trying ::1:8080...
* Connected to localhost (::1) port 8080 (#0)
> POST /v1/models/flower-sample:predict HTTP/1.1
> Host: flower-sample.kubeflow.example.com
> User-Agent: curl/7.77.0
> Accept: */*
> Content-Length: 16178
> Content-Type: application/x-www-form-urlencoded
>
* Mark bundle as not supporting multiuse
< HTTP/1.1 200 OK
< content-length: 102
< content-type: application/json
< date: Thu, 05 Jan 2023 21:11:36 GMT
```

```
< x-envoy-upstream-service-time: 78
< server: istio-envoy
<
{
    "predictions": [[0.0, 0.0, 1.22209595e-11, 0.0,
    1.0, 0.0, 7.07406329e-32, 0.0, 0.0, 0.0]
    ]
  * Connection #0 to host localhost left intact
  }
```

如前所述，即使我们在 KServe 的 InferenceService 字段中指定了模型的整个目录，TensorFlow Serving 模型服务组件也会从该目录中选择最新版本(版本 4)的模型，也就是我们在 9.2.3 节中选择的最优模型。我们可以从模型服务 Pod 的日志中看到这一点。

代码清单 9-27　查看模型服务日志

```
> kubectl logs flower-sample-predictor-default
-00001-deployment-f67767f6c2fntx -c kserve-container
```

日志输出如下:

```
Building single TensorFlow model file config:
model_name: flower-sample model_base_path: /mnt/models
Adding/updating models.
...
<truncated>
Successfully loaded servable version
  {name: flower-sample version: 4}
```

9.3.2　副本模型服务器

在上一节中，我们成功地在本地 Kubernetes 集群中部署了模型服务组件。在本地可以成功运行实验样例，但如果将其部署到生产环境中并提供真实的模型服务时，效果并不理想。当前的模型服务组件只部署在单个 Pod 中，它所分配到的计算资源是有限的。当模型服务请求数量增加时，单实例的模型服务器将无法对其提供支持，并且计算资源可能会被耗尽。

为了解决这个问题，我们需要有多个模型服务器实例来处理大量的动态模型服务请求。幸运的是，KServe 使用了 Knative Serving 的自动扩缩容功能，可以根据每个 Pod 的平均请求数进行自动缩放。

以下配置启动了包含自动扩缩容功能的推理服务。scaleTarget 字段指定了自动扩缩容组件所监控指标的目标值。此外，scaleMetric 字段定义了自动扩缩容组件监控的扩缩容指标类型。指标包括并发度、RPS、CPU 和内存。这里我们只允许每个推理服务实例处理一个并发请求。换句话说，当请求数增多时，我们会扩容创建一个新的推理服务 Pod 来处理额外的请求。

代码清单 9-28　副本模型推理服务

```
apiVersion: serving.kserve.io/v1beta1
kind: InferenceService
metadata:
  name: flower-sample
spec:
  predictor:
    scaleTarget: 1
    scaleMetric: concurrency
    model:
      modelFormat:
        name: tensorflow
      storageUri: "pvc://strategy-volume/saved_model_versions"
```

假设没有请求出现，我们应该只会看到一个正在运行的推理服务 Pod。接下来，发送一个持续 30 秒的突发流量，同时保持五个在途请求。我们使用相同的服务主机名、入口地址、推理输入和训练模型。然后使用 hey 工具(一个向 Web 应用程序发送请求的小程序)发送请求。在执行以下命令之前，请按照 https://github.com/rakyll/hey 中的指南将其安装。

代码清单 9-29　发送流量以测试负载

```
> hey -z 30s -c 5 -m POST \
 -host ${SERVICE_HOSTNAME} \
 -D inference-input.json "http:/ /${INGRESS_HOST}:${INGRESS_PORT}
/v1/models/$MODEL_NAME:predict"
```

以下是预期的输出，其中包括了推理服务如何处理请求的过程概要。例如，该服务平均每秒处理 230,160 字节的推理输入和 95.7483 个请求。你还可以看到一个响应时间直方图和延迟分布：

```
Summary:
  Total:          30.0475 secs
  Slowest:        0.2797 secs
  Fastest:        0.0043 secs
  Average:        0.0522 secs
  Requests/sec:   95.7483
  Total data:     230160 bytes
  Size/request:   80 bytes
Response time histogram:
```

```
0.004 [1]     |
0.032 [1437]  |■■■■■■■■■■■■■■■■■■■■■■■■■■■■■■■■■■■■■■■■■■
0.059 [3]     |■■■■■■■■■■■■■■■■■■■■■■■■
0.087 [823]   |■■■■■■■■■■■■■■■■■■■■■■■
0.114 [527]   |■■■■■■■■■■■■■■■
0.142 [22]    |■
0.170 [5]     |
0.197 [51]    |■
0.225 [7]     |
0.252 [0]     |
0.280 [1]     |

Latency distribution:
  10% in 0.0089 secs
  25% in 0.0123 secs
  50% in 0.0337 secs
  75% in 0.0848 secs
  90% in 0.0966 secs
  95% in 0.1053 secs
  99% in 0.1835 secs
Details (average, fastest, slowest):
  DNS+dialup:   0.0000 secs, 0.0043 secs, 0.2797 secs
  DNS-lookup:   0.0000 secs, 0.0000 secs, 0.0009 secs
  req write:    0.0000 secs, 0.0000 secs, 0.0002 secs
  resp wait:    0.0521 secs, 0.0042 secs, 0.2796 secs
  resp read:    0.0000 secs, 0.0000 secs, 0.0005 secs
Status code distribution:
  [200] 2877 responses
```

正如预期的那样，五个正在运行的推理服务 Pod 同时处理请求，其中每个 Pod 仅处理一个请求。

代码清单 9-30　获取模型服务 Pod 列表

```
> kubectl get pods
NAME                           READY   STATUS     RESTARTS   AGE
flower-<truncated>-sr5wd       3/3     Running    0          12s
flower--<truncated>-swnk5      3/3     Running    0          22s
flower--<truncated>-t2njf      3/3     Running    0          22s
flower--<truncated>-vdlp9      3/3     Running    0          22s
flower--<truncated>-vm58d      3/3     Running    0          42s
```

一旦 hey 命令完成，我们将只能看到一个正在运行的 Pod。

代码清单 9-31　再次获取模型服务 Pod 列表

```
> kubectl get pods
NAME                       READY   STATUS     RESTARTS   AGE
flower-<truncated>-sr5wd   3/3     Running    0          62s
```

9.4　端到端工作流

我们刚刚在前面的小节中实现了所有组件，现在是时候把这些组件整合在一起了！在本节中，我们将使用 Argo Workflows 定义一个包含刚刚实现的组件的端到端工作流。如果你仍然对这些组件不熟悉，请回到前面的章节，复习第 8 章中 Argo Workflows 相关的基础知识。

这里回顾一下我们将要实现的端到端工作流。图 9-6 是我们正在构建的端到端工作流的示意图。该图包括两个用于演示的模型服务步骤，但我们只会在 Argo Workflows 中实现其中一个步骤。它将根据请求的流量大小自动扩容更多实例，如 9.3.2 节中所述。

在接下来的部分中，我们将通过使用 Argo 将各个步骤按顺序连接起来组成整个工作流，然后通过实现步骤记忆化来优化后续工作流的执行。

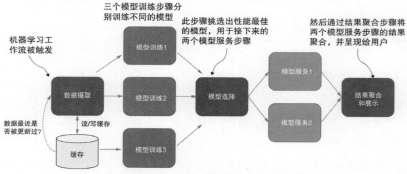

图9-6　正在构建的端到端机器学习系统的架构图

9.4.1　顺序步骤

首先，让我们看一下 entry point 模板和工作流中涉及的主要步骤。entry point 模板名称为 tfjob-wf，由以下步骤组成(为简单起见，每个步骤都使用同名的模板)：

(1) data-ingestion-step 为数据摄取步骤，我们在模型训练之前使用它来下载和预处理数据集。

(2) distributed-tf-training-steps 是一个包含多个子步骤的步骤组，其中每个子步骤代表一种模型类型的分布式模型训练步骤。

(3) `model-selection-step` 为模型选择步骤，该步骤从前面步骤所训练出的模型中挑选出性能最佳的模型。

(4) `create-model-serving-service` 通过 KServe 创建模型服务。

代码清单 9-32　工作流 entry point 模板

```yaml
apiVersion: argoproj.io/v1alpha1
kind: Workflow
metadata:
  generateName: tfjob-wf
  namespace:kubeflow
spec:
  entrypoint: tfjob-wf
  podGC:
    strategy: OnPodSuccess
  volumes:
  - name: model
    persistentVolumeClaim:
      claimName: strategy-volume
  templates:
  - name: tfjob-wf
    steps:
    - - name: data-ingestion-step
        template: data-ingestion-step
    - - name: distributed-tf-training-steps
        template: distributed-tf-training-steps
    - - name: model-selection-step
        template: model-selection-step
    - - name: create-model-serving-service
        template: create-model-serving-service
```

注意，此处将 `podGC` 策略指定为 `OnPodSuccess`，因为我们将在计算资源有限的本地 k3s 集群中为不同步骤创建大量 Pod，因此在 Pod 运行成功后立即将它删除可以为后续步骤释放计算资源。也可以使用 `OnPodCompletion` 策略，无论运行的结果是失败还是成功它都会在 Pod 运行结束后将其删除。但在这个例子中我们不会使用 `OnPodCompletion` 策略，因为我们希望保留运行失败的 Pod 来调试问题代码。

此外，我们还指定了持久化卷和 PVC，以确保可以持久化步骤中使用的文件。我们可以将下载的数据集保存到持久化卷中进行模型训练，然后保留训练后的模型用于后续的模型服务步骤。

第一步，即数据摄取步骤，实现起来非常简单。它只指定了容器镜像和要执行的数据摄取 Python 脚本。Python 脚本为一行代码，用 `tfds.load(name='fashion_mnist')` 来将数据集下载到容器的本地存储，该本地存储将被挂载到持久化卷中。

代码清单 9-33　数据摄取步骤

```
- name: data-ingestion-step
  serviceAccountName: argo
  container:
    image: kubeflow/multi-worker-strategy:v0.1
    imagePullPolicy: IfNotPresent
    command: ["python", "/data-ingestion.py"]
```

下一步是一个由多个子步骤组成的步骤组，其中每个子步骤代表一种模型类型(例如，CNN、带舍弃层和带批量归一化层的 CNN)的分布式模型训练步骤。以下配置声明了所有子步骤定义的模板。多个模型的分布式训练步骤规定了这些步骤将并行执行。

代码清单 9-34　分布式训练步骤组

```
- name: distributed-tf-training-steps
  steps:
  - - name: cnn-model
      template: cnn-model
    - name: cnn-model-with-dropout
      template: cnn-model-with-dropout
    - name: cnn-model-with-batch-norm
      template: cnn-model-with-batch-norm
```

我们以第一个子步骤为例，它运行基本的 CNN 分布式模型训练。该步骤模板的主要内容是 `resource` 资源字段，包括以下内容：

- 要执行操作的自定义资源定义(Custom Resource Definition，CRD)或 `manifest`。在这个例子中，我们在该步骤中创建了一个 `TFJob`。
- 表示 CRD 是否创建成功的条件。在这个例子中，我们通过 Argo 监控 `status.replicaStatuses.Worker.succeeded` 和 `status.replicaStatuses.Worker.failed` 字段。

在 `TFJob` 定义的 `container` 字段中，我们指定了模型类型并将训练后的模型保存到不同的目录下，以便在后续步骤中选择和保存用于模型服务的最优模型。我们还要确保添加了持久化卷，以便持久化经过训练的模型。

代码清单 9-35　CNN 模型训练步骤

```
- name: cnn-model
  serviceAccountName: training-operator
  resource:
    action: create
    setOwnerReference: true
    successCondition: status.replicaStatuses.Worker.succeeded = 2
    failureCondition: status.replicaStatuses.Worker.failed > 0
    manifest: |
      apiVersion: kubeflow.org/v1
      kind: TFJob
      metadata:
        generateName: multi-worker-training
      spec:
        runPolicy:
          cleanPodPolicy: None
        tfReplicaSpecs:
          Worker:
            replicas: 2
            restartPolicy: Never
            template:
              spec:
                containers:
                  - name: tensorflow
                    image: kubeflow/multi-worker-strategy:v0.1
                    imagePullPolicy: IfNotPresent
                    command: ["python",
"/multi-worker-distributed-training.py",
"--saved_model_dir",
"/trained_model/saved_model_versions/1/",
"--checkpoint_dir",
"/trained_model/checkpoint",
"--model_type", "cnn"]
                    volumeMounts:
                      - mountPath: /trained_model
                        name: training
                    resources:
                      limits:
                        cpu: 500m
                volumes:
                  - name: training
                    persistentVolumeClaim:
                      claimName: strategy-volume
```

对于 distributed-tf-training-steps 中的其余子步骤，配置声明
非常相似，只是保存的模型目录和模型类型参数不同。下一步是模型选择，我

们使用相同的容器镜像，但执行的是之前实现的模型选择 Python 脚本。

代码清单 9-36   模型选择步骤

```
- name: model-selection-step
  serviceAccountName: argo
  container:
    image: kubeflow/multi-worker-strategy:v0.1
    imagePullPolicy: IfNotPresent
    command: ["python", "/model-selection.py"]
    volumeMounts:
    - name: model
      mountPath: /trained_model
```

确保这些附加的脚本包含在 Dockerfile 中，并且已重新构建了镜像并将其重新导入到本地 Kubernetes 集群。

实现了模型选择步骤后，工作流的最后一步是启动 KServe 模型推理服务步骤。它是一个类似于模型训练步骤的 resource 模板，但包含了 KServe 的 InferenceService CRD 和与其相匹配的运行成功条件(success Condition 字段)。

代码清单 9-37   模型服务步骤

```
- name: create-model-serving-service
  serviceAccountName: training-operator
  successCondition: status.modelStatus.states.transitionStatus = UpToDate
  resource:
    action: create
    setOwnerReference: true
    manifest: |
     apiVersion: serving.kserve.io/v1beta1
     kind: InferenceService
     metadata:
       name: flower-sample
     spec:
       predictor:
         model:
         modelFormat:
           name: tensorflow
         image: "emacski/tensorflow-serving:2.6.0"
         storageUri: "pvc://strategy-volume/saved_model_versions"
```

提交这个工作流。

代码清单 9-38   提交端到端工作流

```
> kubectl create -f workflow.yaml
```

数据摄取步骤完成后，与之相关联的 Pod 将被删除。在执行分布式模型训练步骤时再次获取 Pod 列表，我们将看到以 `tfjob-wf-f4bql-cnn-model-` 为前缀的 Pod 名称，它们负责监控不同模型类型对应的分布式模型训练任务的状态。此外，每种模型的训练任务都包含两个匹配 `multi-worker-training-*-worker-*` 模式的 Pod 名称。

代码清单 9-39　获取 Pod 列表

```
> kubectl get pods
NAME                               READY   STATUS    RESTARTS   AGE
multi-<truncated>-worker-0         1/1     Running   0          50s
multi-<truncated -worker-1         1/1     Running   0          49s
multi-<truncated>-worker-0         1/1     Running   0          47s
multi-<truncated -worker-1         1/1     Running   0          47s
multi-<truncated -worker-0         1/1     Running   0          54s
multi-<truncated -worker-1         1/1     Running   0          53s
<truncated>-cnn-model              1/1     Running   0          56s
<truncated>-batch-norm             1/1     Running   0          56s
<truncated>-dropout                1/1     Running   0          56s
```

完成剩余的步骤并且模型服务已成功启动后，工作流应该具有 `Succeeded` 状态。现在我们完成了端到端工作流的执行。

9.4.2　步骤记忆化

为了加快工作流的后续执行速度，我们可以利用缓存机制，从而跳过最近运行过的某些步骤。在我们的例子中可以跳过数据摄取步骤，因为不必重复下载相同的数据集。

首先查看数据摄取步骤的日志：

```
Downloading and preparing dataset 29.45 MiB
(download: 29.45 MiB, generated: 36.42 MiB,
total: 65.87 MiB) to
/root/tensorflow_datasets/fashion_mnist/3.0.1...
Dataset fashion_mnist downloaded and prepared to
    /root/tensorflow_datasets/fashion_mnist/3.0.1.
Subsequent calls will reuse this data.
```

数据集已经下载到容器中的某条路径下。如果该路径挂载到了我们的持久化卷上，那么它将可用于后续的所有工作流步骤。让我们使用 Argo Workflows 提供的步骤记忆化功能来优化工作流。

在步骤的声明配置模板中，我们在 `memoize` 字段中提供了缓存键(key)和缓存期限(maxAge)。当一个步骤完成后，将其保存在缓存中。当该步骤在新的工作流中再次运行时，它将检查在过去的一小时内是否为其创建缓存。如果是，则跳过此步骤，工作流将继续执行后续步骤。对于我们的应用，数据集不会变化，所以理论上应该始终使用缓存中的数据，我们在这里指定一个小时的缓存期限是为了进行演示。在实际应用中，你可能需要根据数据更新的频率来调整缓存期限。

代码清单 9-40　记忆化数据摄取步骤

```
- name: data-ingestion-step
  serviceAccountName: argo
  memoize:
    key: "step-cache"
    maxAge: "1h"
    cache:
      configMap:
        name: my-config
        key: step-cache
  container:
    image: kubeflow/multi-worker-strategy:v0.1
    imagePullPolicy: IfNotPresent
    command: ["python", "/data-ingestion.py"]
```

第一次运行工作流，并观察工作流节点状态中的 Memoization Status 字段。因为这是第一次运行该步骤，所以缓存没有命中。

代码清单 9-41　检查工作流的节点状态

```
> kubectl get wf tfjob-wf-kjj2q -o yaml
The following is the section for node statuses:
Status:
  Nodes:
    tfjob-wf-crfhx-2213815408:
      Boundary ID:    tfjob-wf-crfhx
      Children:
        tfjob-wf-crfhx-579056679
      Display Name:        data-ingestion-step
      Finished At:         2023-01-04T20:57:44Z
      Host Node Name:      distml-control-plane
      Id:                  tfjob-wf-crfhx-2213815408
      Memoization Status:
        Cache Name:        my-config
        Hit:               false
        Key:               step-cache
        Name:              tfjob-wf-crfhx[0].data-ingestion-step
```

如果我们在一个小时内再次运行相同的工作流，会注意到该步骤被跳过

(Memoization Status 字段中的 Hit 值为 true)：

```
Status:
  Nodes:
    tfjob-wf-kjj2q-1381200071:
      Boundary ID: tfjob-wf-kjj2q
      Children:
        tfjob-wf-kjj2q-2031651288
      Display Name:   data-ingestion-step
      Finished At:    2023-01-04T20:58:31Z
      Id:             tfjob-wf-kjj2q-1381200071
      Memoization Status:
        Cache Name:   my-config
        Hit:          true
        Key:          step-cache
      Name: tfjob-wf-kjj2q[0].data-ingestion-step
      Outputs:
        Exit Code:    0
      Phase:          Succeeded
      Progress:       1/1
      Started At:     2023-01-04T20:58:31Z
      Template Name:  data-ingestion-step
      Template Scope: local/tfjob-wf-kjj2q
      Type:           Pod
```

此外，请注意完成时间 Finished At 和开始时间 Started At 的时间戳是相同的。也就是说，这个步骤是立即完成的，不需要从头开始重新执行。

Argo Workflows 中的所有缓存都保存在 Kubernetes 的 ConfigMap 对象中。缓存包含节点 ID、步骤执行结果输出、缓存创建时间戳和上次命中该缓存时的时间戳。

代码清单 9-42　查看 ConfigMap 的详细信息

```
> kubectl get configmap -o yaml my-config
apiVersion: v1
data:
  step-cache: '{"nodeID":"tfjob-wf-dmtn4-
3886957114","outputs":{"exitCode":"0"},
"creationTimestamp":"2023-01-04T20:44:55Z",
"lastHitTimestamp":"2023-01-04T20:57:44Z"}'
kind: ConfigMap
metadata:
  creationTimestamp: "2023-01-04T20:44:55Z"
  labels:
    workflows.argoproj.io/configmap-type: Cache
  name: my-config
  namespace: kubeflow
  resourceVersion: "806155"
  uid: 0810a68b-44f8-469f-b02c-7f62504145ba
```

9.5　本章小结

- 数据摄取组件使用 TensorFlow 为 Fashion-MNIST 数据集实现了一个分布式输入流水线，使其易于与分布式模型训练集成。
- 机器学习模型和分布式模型训练逻辑可以在 TensorFlow 中定义，然后借助 Kubeflow 在 Kubernetes 集群中以分布式方式执行。
- 单实例模型服务器和副本模型服务器都可以通过 KServe 实现。KServe 的自动扩缩容功能可以自动创建额外的模型服务 Pod 来处理不断增加的模型服务请求。
- 我们实现了端到端工作流，其中包括 Argo Workflows 中系统的所有组件，并使用步骤记忆化来避免重复执行耗时且冗余的数据摄取步骤。